한 번만 읽으면 확 잡히는

중등 지구과학

한 번만 읽으면 확 잡히는

중등 지구과학

박지선 이재은 지음

한ㅇ

까만 밤하늘 위 저 별의 이름은 뭘까요? 발 앞에 놓인 이 돌의 이름은 또 뭘까요? 내일 비가 내릴까요? 도대체 바닷물은 왜 짠맛이 나는 걸까요? 하늘과 땅과 바다, 그리고 우주에 대해 궁금한 것들이 많은데 누구한테 물어봐야 하죠? 이런 고민을 하는 친구들이라면 이 책을 선택하세요.

《한 번만 읽으면 확 잡히는 중등 지구과학》은 하늘, 땅, 바다, 그리고 우주에 대한 궁금증을 과학적으로 이해할 수 있도록 설명하고 있어요. 중학교와 고등학교에서 배우게 될 지구과학의 내용을 토대로, 처음 접하는 친구들을 위한 용어 정리와 이론의 발전 과정, 자연 현상을 이해할 수 있는 간단한 실험을 알기 쉽게 소개했습니다.

특히 다양한 사진 자료와 눈높이에 맞춘 그림을 풍부하게 수록하여 직접 보지 않아도 쉽게 이해할 수 있도록 구성하였어요. 또한, 각 단원별로 제시된 서술형 문제를 풀어 봄으로써 머릿속에 개념이 쏙쏙 박힐 것입니다.

지구과학은 우리가 사는 지구뿐만 아니라 태양계, 우주에 이르기까지 매우 폭넓은 내용을 다루고 있어요. 그래서 이 책은 우리가 사는 지구를 고체 상태인 지권, 액체 상태인 수권, 기체 상태인 기권으로 나눠서 이야기했어요.

지권에서는 암석과 지각 변동에 대해, 수권에서는 생명체 탄생의 근원인 물에 대해, 기권에서는 시시각각 변하는 기상 현상을 알려 줄 거예요. 태양계와 별과 우주에서는 과학적인 방법을 이용하여 궁금증을 해결하는 과정도 생생하게 설명했어요. 인간의 호기심에서 출발한 우주 개발의 역사와 성과도 소개하고, 우주 탐사를 통해 어떻게 지구에 대해 더 잘 알게 되었는지 알아 볼 거예요.

"아는 만큼 보인다!" 이런 말을 들어 본 적이 있죠? 이 책을 천천히 한 번만 읽어 보면 우리가 사는 지구와 광활한 우주에 대해 많은 것을 알 수 있을 거예요. 또한, 전에 보지 못했던 지구와 우주의 아름다움도 깨달을 수 있을 겁니다.

자, 그럼 이제 책장을 넘겨 볼까요?

박지선 · 이재은

CONTENTS

얘들아~~ 나 외계인 친구 사귀었어

지권인

엥? 외계인? 추카추카 어떻게 연락했어?

태양계 밖으로 나간 보이저 2호에 있는
메시지를 봤대
다음 달에 지구로 놀러 오기로 했어

해양인

와~ 대박!
서프라이즈 ㅋㅋㅋ

그치. 서프라이즈 ㅋㅋㅋ
근데 고민이 있어

하늘인

무슨 고민?

외계인 친구가 오면 뭐 하지?

하늘인

생각해 봐. 손님이 집에 놀러 오면 뭐부터 하니?
집 구경시켜 주잖아
너도 외계인 친구에게 네가 사는 지구를
소개시켜 줘

좋아~ 좋은 생각이야
근데 지구에 대해서 어떻게 소개할까?

 하늘인

먼저 지구의 구조를 소개하는 거야

헐~ 넌 천재야!
근데 난 지구의 구조에 대해 잘 몰라
그럼 하늘인 나 좀 도와줘~

 하늘인

네가 살고 있는 땅에 대해서
먼저 소개해야 하니까
지권인에게 부탁하는 게 낫지 않을까?

그렇겠네!
지권인 도와줘!

 지권인

걱정 마. 내가 도와줄게
그럼, 지권에 대해 알아볼까?

좋아!!!

1. 지구 내부를 어떻게 알 수 있을까요?

안녕하세요. 친구의 고민에 대해서 지구에 대해 잘 알고 있는 제가 큰 도움을 드릴 수 있겠어요. 저와 함께 땅에서부터 우주까지 우리가 사는 지구 안팎에 대해 속속들이 공부해 봐요. 그러면 외계인 친구에게 지구를 멋지게 소개할 수 있겠죠?

집에 처음 방문하는 손님이 오면 우리는 보통 어떻게 맞이했는지 생각해 봐요. 집에 들어오자마자 식사 먼저 대접하나요? 아니면 텔레비전을 먼저 보여 주나요? 저는 우리 집 구조를 먼저 소개해요. 여기는 거실, 이쪽은 주방, 저쪽은 화장실…. 집 구조를 먼저 소개하고, 그다음에 식사를 대접하거나 이야기를 나눠요. 그래야 공간에 대해 익숙해지면서 편안한 마음을 갖게 되죠.

그럼 지구를 처음 방문하는 외계인 친구에게도 편안한 마음을 갖도록 우리가 사는 지구의 구조를 먼저 설명하는 것이 좋겠지요? 바로 지구의 구조를 설명할게요. 고고~!

외권 지구 기권 바깥의 우주 영역

생물권 지권, 기권, 수권의 각 영역에 분포하는 모든 생물체를 포함

기권 지표면으로부터 약 1,000km 높이까지의 대기층

수권 대부분이 바닷물이며 빙하와 강, 지하수 등을 포함

지권 지구의 겉 부분인 지각과 지구 내부를 포함

우리가 사는 지구의 공간을 고체, 액체, 기체로 구분하면 지권, 수권, 기권으로 나눌 수 있어요. 고체 상태인 지권에는 지구 표면을 둘러싼 암석과

토양으로 이루어진 지각, 지구 내부인 맨틀과 외핵, 내핵이 포함돼요. 액체 상태인 수권은 물로 이루어져 있으면서 지구 표면의 70%를 차지하는 바다, 그밖에 빙하, 지하수, 강, 호수 등이 포함돼요. 기체 상태인 기권은 지구 표면을 둘러싼 공기층으로 대류권, 성층권, 중간권, 열권 등이 포함되어 있어요.

여기에 지권, 수권, 기권에 사는 모든 생명체를 포함하는 생물권과 기권 바깥 영역인 외권으로 나눌 수 있어요.

지구 내부를 조사하는 데는 지진파를 이용해요. 지진파는 통과하는 물질의 상태에 따라 속도가 변하는데, 물질의 밀도가 높거나 단단하면 속도가 증가해요. 그러니까 지진파의 속도가 갑자기 증가하거나 감소한다는 것은 다른 구성 물질로 이루어진 영역이 시작된다는 거죠. 특히 지진파 중 S파는 액체 상태를 통과할 수 없어요. 이러한 지진파 특징을 이용해 속도 변화를 분석했고, 지구 내부가 4개의 층상 구조로 이루어졌다는 사실을 알아냈어요. 이를 각각 지각, 맨틀, 외핵, 내핵이라고 불러요.

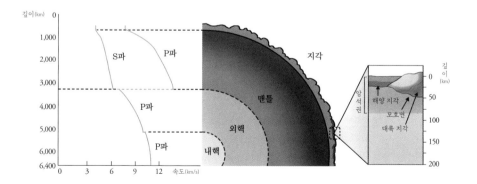

지구의 가장 바깥 부분인 지각은 고체 상태로, 대륙 지각과 해양 지각으로 구분합니다. 대륙 지각은 주로 화강암질 암석으로 되어 있으며 평균 두께는 약 35km예요. 해양 지각은 현무암질 암석으로 되어 있으며 평균 두께는 약 5km로, 대륙 지각이 해양 지각보다 두꺼워요.

지각 아래에서부터 약 2,900km 깊이까지를 맨틀이라고 해요. 지구 전체 부피의 약 80%를 차지하며, 지각보다 무거운 고체 상태의 암석으로 이루어져 있어요. 맨틀 아래에서부터 지구 중심까지를 핵이라고 하는데, 약 2,900km에서 5,100km까지를 외핵이라고 하고, 5,100km에서 지구 중심까지를 내핵이라고 해요.

외핵과 내핵의 물질은 철과 니켈로 같지만, 외핵은 액체 상태이고 내핵은 고체 상태예요. 지구 중심으로 갈수록 지구 온도와 압력이 높아지기 때문에 외핵에서 철과 니켈은 액체 상태예요. 하지만 더 깊이 들어가면 온도보다 압력에 의한 효과가 더 크기 때문에 철과 니켈이 고체 상태가 돼요. 물론 내핵의 밀도가 외핵보다 아주 살짝 높겠지요.

중요한 건 외핵이 철과 니켈로 이루어진 액체 상태이고 열대류에 의해 움직이기 때문에 지구에 자기장이 만들어졌다는 거예요. 지구 자기장에 의해 나침반의 바늘이 남북을 가리키는 것이고, 철새가 방향을 제대로 찾아 이동할 수 있는 거예요.

지구 자기장은 우주에서 쏟아지는 고에너지의 입자들, 즉 우주 방사선이 지표면으로 내려오지 못하게 막아 주는 역할을 해요. 이 덕분에 우리는 우주 방사선으로부터 안전하게 보호받고 있어요. 만약 외핵의 온도가 낮아져 열대류가 일어나지 않는다면 지구의 자기장은 사라지겠죠. 지구에 자기장이 없다면 생명체는 모두 땅속에서만 살 수 있어요.

지구 내부가 4개의 층상 구조로 이루어진 건 각 층마다 구성 물질 성분과 상태가 다르기 때문이에요. 그럼 각 층의 구성 물질을 이루는 성분 원소에 대해 알아볼까요?

지권을 이루는 구성 원소는 층상 구조마다 달라요. 지각은 산소와 규소가 가장 많고, 그다음으로 알루미늄, 철, 칼슘, 나트륨, 칼륨, 마그네슘 순으로 많아요. 지구 전체, 즉 지각, 맨틀, 핵의 성분으로 모두 종합해서 보면 철과 산소가 가장 많고, 그다음으로 규소, 마그네슘, 니켈, 황, 칼슘, 알루미늄 순으로 많아요. 그렇다는 것은 철 성분이 맨틀이나 핵에 많이 포함되어 있다는 거겠죠.

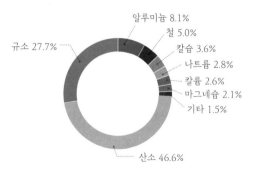

지각의 구성 원소

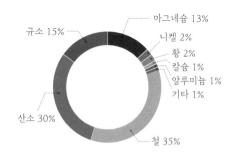

지구 전체의 구성 원소

지구가 처음 만들어지는 과정에는 지구의 온도가 매우 높았어요. 암석들이 모두 녹아 마그마 바다를 이루는 시기가 있었죠. 이 시기에 무거운 철 성분이 지구 중심으로 가라앉아 핵을 이뤘고, 온도가 낮아지면서 가장 바깥쪽에 있는 산소와 규소가 지각을 이루게 되었어요. 그래서 지금과 같은 층상 구조를 이루게 되었지요.

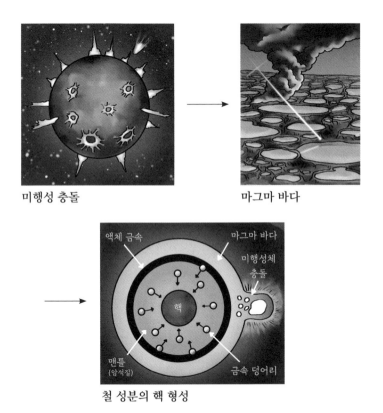

미행성 충돌

마그마 바다

철 성분의 핵 형성

지구를 구성하고 있는 지권, 수권, 기권은 서로 영향을 주고받으며 하나의 계(system)를 이루는데, 이를 지구계라고 불러요. 계는 구성 요소들 사이에 서로 영향을 주고받는 집합을 말해요. 예를 들어 태양과 행성, 소행성, 혜성 등은 서로 만유인력에 의한 궤도 운동, 빛 에너지 등에서 서로 영향을 주고받아요. 그래서 이를 태양계라고 부릅니다. 계의 뜻이 어렵다고요? 예를 들어 볼게요. 음식물의 소화 및 흡수와 관련한 입, 식도, 위, 대장, 소장 등을 소화계라고 부르죠. 또, 노래하고 연기하는 연예계가 있어요. 우리도 모르게 계의 의미를 이미 많이 사용하고 있었네요.

과학적으로는 계를 구성 요소들 사이 물질과 에너지의 이동에 따라 세 가지로 구분해요. 물질과 에너지의 이동이 전혀 이루어지지 않으면 고립계, 에너지는 이동할 수 있으나 물질은 이동할 수 없으면 닫힌계, 물질과 에너지의 이동이 모두 이루어지면 열린계라고 하죠.

우리가 사는 지구계는 고립계, 닫힌계, 열린계 중 어디에 해당할까요? 맞아요. 지구를 구성하고 있는 각 권은 서로 영향을 주고받으니까 열린계예요. 그렇다면 지구의 각 권은 어떤 영향을 주고받는지, 이다음 단원부터 지구에 대해 자세하게 알아보도록 해요.

이것만은 알아 두세요

1. 지진파의 속도 변화를 기준으로 지각, 맨틀, 외핵, 내핵으로 구분한다.
2. 핵은 철과 니켈로 이루어졌으며, 외핵은 액체 상태, 내핵은 고체 상태이다.
3. 지각에 가장 많은 성분은 산소와 규소, 지구 전체 가장 많은 성분은 철과 산소이다.

풀어 볼까? 문제!

1. 땅속으로 갈수록 지권의 온도는 높아지고, 그로 인해 지구 중심의 핵은 암석이 녹아 액체 상태로 존재한다. 핵의 바깥쪽에 해당하는 외핵은 액체 상태이지만, 지구 중심부에 더 가까운 내핵은 고체이다. 지구 중심부에 위치한 내핵이 고체 상태인 이유를 설명해 보자.

2. 지구 중심핵에 철 성분이 많은 이유를 지구 형성 과정으로 설명해 보자.

정답

1. 내핵의 온도가 더 높지만, 외핵보다 압력이 더 높아 내핵이 고체 상태로 존재합니다.

2. 지구 형성 초기에 마그마 바다로 지구 전체가 액체 상태였을 때 밀도가 큰 철 성분이 가라앉았고 그 이후로 지구가 식으면서 핵, 맨틀, 지각의 층상 구조를 갖게 되었습니다.

2. 암석은 어떻게 만들어졌을까요?

우리가 사는 지각은 다양한 암석들로 이루어져 있어요. 암석은 우리말로 돌 또는 바위를 말해요. 우리 주변에서 볼 수 있는 암석들을 자세히 살펴보면 독특한 무늬가 있거나 알갱이의 크기와 색들이 다르다는 것을 알 수 있어요. 또 암석마다 불리는 이름도 달라요. 암석이 어떻게 만들어졌고 또 어떤 특징을 가졌는지 알아볼까요?

암석은 만들어진 과정에 따라 크게 화성암, 퇴적암, 변성암으로 구분합니다. 땅속 깊은 곳에는 높은 온도와 압력으로 인해 암석이 액체 상태로 녹아 있는 곳이 있어요. 이 뜨거운 액체 상태의 암석을 마그마(magma)라고 해요. 마그마의 온도는 보통 800~1,400℃ 정도예요. 마그마가 지각의 약한 곳을 뚫고 지표면 밖으로 나오는 현상을 화산 활동이라 하는데, 이때 지표면 밖으로 흘러나온 마그마를 용암(lava)이라고 불러요. 마그마도 용암도 암석이 녹아 있는 상태라는 건 같지만, 어디에 있느냐에 따라 부르는 이름이 달라요.

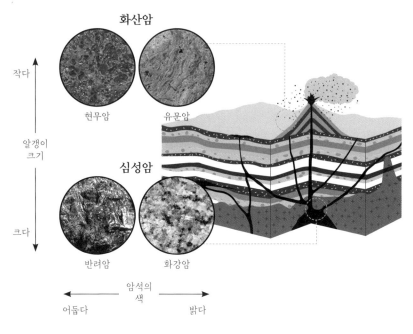

작다

알갱이
크기

크다

현무암

유문암

심성암

반려암

화강암

암석의
색

어둡다

밝다

화성암의 생성 장소와 종류

화성암은 마그마나 용암이 식어서 만들어진 암석이에요. 땅속 깊은 곳에서 마그마가 오랫동안 천천히 식으면서 굳어지면 암석을 구성하는 알갱이가 큰 화성암이 되는데, 이를 심성암이라 불러요. 화산 활동으로 지표면으로 흘러나온 용암이 빠르게 식으면서 굳어지면 암석을 구성하는 알갱이가 작은 화성암이 되는데, 이를 화산암이라 불러요.

심성암 중에서 암석의 색이 어두운 반려암과 밝은 화강암이 있고, 화산암 중에서 암석의 색이 어두운 현무암과 밝은 유문암이 있어요. 북한산의 봉우리나 설악산의 울산 바위를 이루는 암석이 화강암이고, 제주도 해변의 주상절리를 이루는 암석이 현무암이에요. 제주도는 화산섬으로, 현무암이 많아요. 그래서 돌하르방은 주로 현무암이에요. 현무암에서 관찰되는 작은 구멍들은 용암의 표면이 빠르게 식으면서 밖으로 빠져나오지 못한 화산 가스들이 모여있던 곳으로, 생성 과정에 따라 구멍의 크기와 모양이 달라요. 다만 모든 현무암에 구멍이 있지는 않고, 구멍이 없는 현무암도 있어요.

암석의 이름에는 암석이 갖는 특징이 담겨있어요. 반려암은 어두운 쌀이라는 의미가 있고, 화강암에는 알록달록 꽃 모양의 산등성이란 의미가 있어요. 현무암은 검은색을 나타내고, 유문암은 용암이 흐른 흔적이 무늬로 남아있다는 의미예요.

지표면의 암석은 오랫동안 풍화를 받으며 잘게 부서져요. 흐르는 물, 바람, 빙하 등에 의해 바다 또는 호수 바닥에 쌓인 부서진 암석 부스러기들을 퇴적물이라 해요. 퇴적물은 오랜 시간에 걸쳐 천천히 쌓이게 되고, 아래쪽에 쌓인 퇴적물은 위에 쌓인 퇴적물의 무게에 의해 눌러지고 다져지면서 암석화 작용을 받아요.

암석화 작용이란 퇴적물 사이의 공간이 좁아지고 그 공간을 석회질이나 규산질 물질이 채워지면서 퇴적물들을 단단히 붙이는 작용이에요. 이렇게 만들어진 암석이 퇴적암이에요.

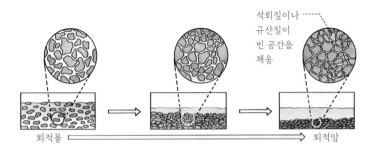

퇴적암이 만들어지는 과정

퇴적암은 퇴적물의 종류와 크기에 따라 이름이 달라요. 주로 자갈이 많이 포함된 역암, 모래로 이루어진 사암, 진흙과 같은 점토로 이루어진 셰일, 조개껍질과 같은 석회질 물질로 이루어진 석회암, 화산재로 이루어진 응회암이 있어요.

자갈, 모래, 진흙	모래	진흙	석회 물질	화산재
역암	사암	세일	석회암	응회암

퇴적암에는 수면과 나란한 줄무늬인 층리가 있어요. 층리는 퇴적물이 아래부터 차곡차곡 쌓이면서 만들어진 경계선이에요. 물 위로 노출된 거대한 퇴적암층을 보면 아래층이 위층보다 더 오래전에 쌓인 거예요.

퇴적암의 층리면에는 퇴적 당시의 생물이 화석으로 발견될 수도 있어요. 화석은 과거에 살았던 동물의 뼈나 나뭇잎, 발자국, 똥 등의 흔적이 지층에 남아있는 것을 말해요. 발견되는 화석을 통해 퇴적 당시의 환경이나 시대를 유추할 수 있어요. 우리나라 경상남도 고성에서는 공룡 발자국 화석이, 경기도 시화호에서는 공룡 알 화석이 발견돼요.

변성암은 말 그대로 원래 있던 암석이 높은 열과 압력을 받아 성질이 변한 암석이에요. 높은 열을 받았으니 녹았을 거라고 생각하면 안 돼요. 변성암은 고체 상태에서 성질이 변한 암석을 말하거든요.

변성암에서는 볼 수 있는 줄무늬는 엽리라고 불러요. 엽리는 습곡 산맥과 같은 큰 지각 변동이 일어나는 지역에서 만들어져요. 습곡 산맥이 형성되려면 양옆에서 마주하고 미는 횡압력이 작용해야 하는데, 이때 작용하는 힘에 의해 암석을 이루는 입자들이 납작하게 찌그러지고 재배열되어 줄무늬로 보이는 거예요.

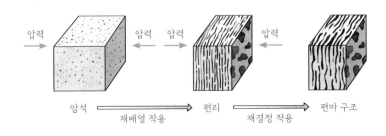

변성암이 만들어지는 과정

엽리는 압력에 의해 변성되는 정도에 따라 편리와 편마 구조로 구분해요. 세립질 암석에 압력이 작용하면 압력에 수직 방향으로 가는 줄무늬인 편리 구조가 생겨요. 편리 구조를 갖는 변성암을 편암이라 불러요.

편리 구조에 더 큰 압력과 열이 작용하면 재결정 작용이 일어나 암석을 이루는 알갱이의 크기가 커져요. 또한 편리 구조보다 더 뚜렷하고 굵은 줄무늬가 나타나는데, 이것을 편마 구조라고 해요. 편마 구조를 갖는 변성암을 편마암이라고 불러요.

편마암

편리나 편마 구조가 나타나지 않는 변성암도 있어요. 압력보다 주로 높은 열의 작용이 더 세게 작용할 때 생겨요. 엽리는 없지만, 암석 알갱이의 굵기가 커지거나 치밀하고 단단해져요. 어려운 말로 치밀하고 단단한 변성 조직을 '혼펠스 조직'이라고 해요. 사암이 높은 열이나 압력에 의해 변하면 규암이 되고, 석회암은 대리암이 됩니다.

원래의 암석		변성암		
		낮다 ◄──── 변성 정도 ────► 높다		
퇴적암	셰일	열과 압력에 의한 변성 ↓ ──────► 점판암 ──► 편암 ──► 편마암		
	사암	열에 의한 변성 ────────────────────► 규암		
	석회암	열에 의한 변성 ────────────────────► 대리암		
화성암	화강암	열과 압력에 의한 변성 ────────────────────► 화강편마암		

┌─ **이것만은 알아 두세요** ─────────────────────────

1. 화성암은 마그마나 용암이 식으면서 생성된 암석으로, 냉각 속도에 따라 심성암과 화산암으로 분류한다.
2. 퇴적암은 퇴적물이 쌓여서 된 암석으로, 층리와 화석이 발견된다.
3. 변성암은 기존 암석이 높은 열과 압력을 받아 변한 암석으로, 압력에 수직 방향으로 엽리 구조가 나타난다.

풀어 볼까? 문제!

1. 암석을 화성암, 퇴적암, 변성암으로 구분하는 기준은 무엇일까?

2. 층리와 엽리의 생성 과정의 차이점을 설명해 보자.

정답

1. 생성 과정에 따라 화성암, 퇴적암, 변성암으로 구분된다.

2. 층리는 퇴적물이 쌓이면서 생긴 경계선으로 퇴적물의 종류와 쌓은 순서에 따라 다르며, 엽리는 기존 암석이 횡압력을 받아 암석 알갱이의 재배열이 일어나 힘을 받은 방향의 수직으로 생긴다.

3. 암석의 순환을 알아볼까요?

지구는 46억 년 전에 탄생했어요.

원시 지구는 초기에 수많은 미행성체가 충돌하면서 뜨거운 마그마의 바다를 형성했지요. 마그마 상태에서 무거운 철과 니켈은 지구 중심으로 가라앉아 핵을 만들었고, 가벼운 규산염질 마그마는 맨틀을 만들었어요.

지구의 온도가 점점 낮아지면서 가장 바깥부터 굳기 시작했어요. 바로 원시 지각이죠. 그렇다면 지각을 이루는 모든 암석은 마그마가 식어서 된 화성암이겠죠?

그런데 우리나라에 분포하는 암석 중 가장 넓은 지역을 차지하는 것은 변성암이에요. 약 40%는 변성암, 약 35%는 화성암, 나머지 약 25%는 퇴적암이 차지해요.

이제부터 지구상에서 화성암, 퇴적암, 변성암 간에 무슨 일이 일어났는지 알아볼까요?

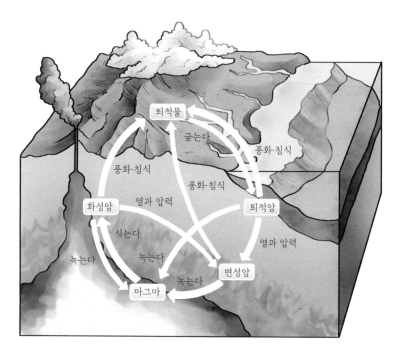

암석의 순환

땅속 깊은 곳에 있던 마그마가 오랜 시간 동안 천천히 식어 화강암이 형성되었어요. 그동안 땅 위에서는 쉬지 않고 바람과 물에 의한 풍화 작용이 일어나고 있네요. 땅 위로 드러난 암석들은 풍화로 인해 부서지고 강물에 떠내려가요. 땅 위의 암석이 점점 사라지고, 땅속에 묻혀있던 화강암은 융기해서 다시 땅 위로 올라와요. 그 이후엔 똑같이 바람과 물로 인한 풍화 작용을 받게 되고 잘게 부서져 강물에 떠내려가는 거예요.

강물을 따라 넓은 바다에 이르면 아직 알갱이가 좀 더 큰 자갈이 먼저 가라앉고, 그다음은 모래가 가라앉고, 마지막으로 진흙이 가라앉아요. 오랜 시간 동안 물 아래에서 퇴적물이 되어 한참 기다리죠. 그 위에 또다시 퇴적물이 쌓이고, 또 쌓이게 되면서 점점 퇴적물은 층리를 갖는 퇴적암으로 재탄생해요.

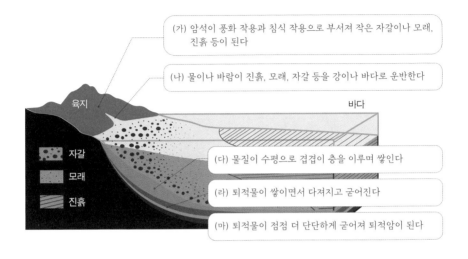

(가) 암석이 풍화 작용과 침식 작용으로 부서져 작은 자갈이나 모래, 진흙 등이 된다

(나) 물이나 바람이 진흙, 모래, 자갈 등을 강이나 바다로 운반한다

육지   바다

자갈
모래
진흙

(다) 물질이 수평으로 겹겹이 층을 이루며 쌓인다

(라) 퇴적물이 쌓이면서 다져지고 굳어진다

(마) 퇴적물이 점점 더 단단하게 굳어져 퇴적암이 된다

퇴적암이 형성된 지역에 높은 열과 압력이 작용해요. 높은 열과 압력을 받자 퇴적암에 변화가 생기기 시작했어요. 힘을 받는 방향에 수직으로 줄무늬가 생기더니 변성암이 됐네요. 변성암이 됐는데도 높은 열과 압력이 계속되고 있어요. 온도가 점점 높아지자 변성암은 견디다 못해 마그마가 돼요. 마그마에서 시작해서 화성암, 퇴적물, 퇴적암, 변성암을 거쳐 다시 마그마가 됐네요.

이처럼 암석은 주변 환경에 따라 끊임없이 화성암, 퇴적암, 변성암으로 재탄생하면서 돌고 돌아요. 이를 암석의 순환이라고 해요.

화성암, 퇴적암, 변성암이 풍화 작용을 받아 퇴적암이 될 수 있고, 또 열과 압력을 받아 변성암이 될 수 있고, 높은 온도에 의해 녹아 마그마가 될 수 있어요. 이렇듯 지구는 끊임없이 활동하고 있으며 그 활동의 흔적이 암석에 그대로 새겨지게 돼요. 그렇기 때문에 우리는 암석을 통해 과거의 환경을 알 수 있는 거예요.

┌─ **이것만은 알아 두세요** ─────────────────────────────┐

1. 암석이 환경에 따라 다른 암석으로 변하는 것을 암석의 순환이라 한다.

2. 퇴적물에서는 변성암, 화성암, 퇴적암도 발견할 수 있다.

└──┘

풀어 볼까? 문제!

1. 화성암이 퇴적암으로 변하는 과정을 설명해 보자.

정답

1. 화성암이 풍화를 받아 잘게 쪼개져 퇴적물이 되고, 이 퇴적물이 강이나 호수, 바다 바닥에 가라앉아 퇴적된다. 퇴적물이 쌓이고 쌓여 오랫동안 큰 압력을 받으면서 단단해지면 퇴적암이 된다.

4. 암석은 광물로 이루어져 있어요

　서울 근교에 있는 북한산이나 도봉산의 산봉우리는 화강암으로 되어 있어요. 멀리서 보면 반들반들해 보이죠. 그런데 이렇게 반들반들해 보이는 산봉우리를 맨손으로 오르는 사람들이 있어요. 보기만 해도 아찔하죠. 경사가 심한 암벽에 착 달라붙어 잘 올라가네요. 미끄러지지 않으려고 손과 발에 끈끈이라도 붙인 걸까요?

미끄러지지 않는 이유는 바로 암벽이 화강암이기 때문이에요. 화강암 속 작은 알갱이인 석영 때문에 화강암의 표면은 겉보기완 다르게 까칠까칠하거든요. 그래서 잘 미끄러지지 않는 거예요.

화강암을 자세히 살펴보면 여러 가지 작은 알갱이들로 이루어져 있어요. 이렇게 암석을 이루는 작은 알갱이를 광물이라고 해요. 광물이라는 단어가 낯설죠? 자연 상태에서 일정한 화학 조성을 가진 무기물로 결정을 이루고 있는 고체를 광물이라고 해요. 아직도 조금 어려운 표현인가요? 쉽게 말하면 사람이 만든 것이 아니라 자연이 만든 것이란 뜻이에요.

우리는 이미 몇몇 광물에 대해 알고 있어요. 예를 들어 자주 들어 알고 있는 금, 철, 구리는 금속 광물이고, 석회석, 흑연, 다이아몬드, 석영은 비금속 광물이에요. 천연적으로 생성된 암염은 광물이지만, 염전에서 만든 천일염(소금)은 광물이 아니에요. 천연적으로 만들어진 다이아몬드는 광물이지만, 사람이 만든 공업용 다이아몬드나 유리는 광물이 아니에요.

일정한 화학 조성을 가졌다는 말은 광물을 구성하고 있는 원소의 종류와 비율이 일정하다는 뜻이에요. 그로 인해 광물마다 고유한 특성을 가지게 되죠. 또한 무기물이란 유기물인 생체에서 만들어지지 않은 것을 뜻해요. 진주는 조개에서 만들어졌기에 광물이라 부르지 않아요.

결정을 이루고 있는 고체란 원자들의 규칙적인 배열로 형태가 만들어졌다는 뜻이에요. 예를 들면 암염은 정육면체 결정을 보여요. 오팔은 결정을 이루지 못하지만 예외적으로 광물이에요. 참! 광물은 고체라는 조건이 있지만, 수은은 액체임에도 예외적으로 광물이라고 불러요. 이제 광물에 대해 조금은 이해가 되었죠?

지금까지 알려진 광물은 약 5,000여 종 이상이며, 모든 광물이 암석에 골고루 포함되어 있지는 않아요. 우리 주변에서 흔히 볼 수 있는 암석에 포함되어 있는 주요 광물들을 조암 광물이라고 해요. 조암 광물에는 장석, 석영, 운모, 각섬석, 휘석, 감람석 등이 있어요.

특히 우리 주변에서 흔하게 볼 수 있는 화강암을 이루는 대표 광물은 석영, 장석, 흑운모가 있어요.

화강암

화강암을 이루는 광물 중 석영은 모스 굳기가 7이고, 수정이라고도 불려요. 모래의 주성분이고 유리를 만드는 원료로 사용돼요.

장석은 지각에서 가장 많은 광물로 흰색 또는 분홍색을 띠죠. 화강암의 색이 주로 흰색이나 분홍색으로 보이는 이유는 장석 때문이에요. 또한, 장석이 풍화되면 고령토가 되는데, 고령토는 도자기의 원료로 사용됩니다.

흑운모는 화강암이나 변성암에서 주로 검은색을 띠는 광물로, 얇은 판이 여러 장 겹쳐져 있는 구조를 하고 있어요. 흰색을 띠는 것은 백운모라고 해요. 모래밭에서 놀다 보면 몸에 반짝이는 작은 흙들이 묻어 있죠? 그게 바로 운모들이 잘게 부서져 달라붙어 반짝거리는 거예요.

그럼 지구상에는 있는 다양한 광물을 구별할 수 있는 특성에는 어떤 것들이 있는지 알아볼까요?

색과 조흔색

겉으로 보이는 광물 고유의 색으로 광물을 구별할 수 있지만, 같은 광물이라도 생성 조건이나 환경 변화에 따라 색이 달라질 수 있어요. 또 포함된 불순물의 종류에 따라 달라질 수도 있죠. 그래서 광물 고유의 색으로는 잘 구별되지 않는 경우가 생겨요. 이를 구별하기 위해 조흔색을 확인합니다.

조흔색은 초벌구이 도자기판인 조흔판에 긁었을 때 묻어 나오는 광물 가루의 색을 말해요.

금, 황철석, 황동석은 겉으로 보이는 색이 모두 노란색(금색)이라 육안으로는 구별이 쉽지 않아요. 이런 경우 조흔색을 확인하면 모두 달라져요. 금의 조흔색은 노란색, 황철석의 조흔색은 검은색, 황동석은 녹흑색을 띠어요.

또, 자철석과 적철석은 겉으로 보이는 색이 검은색이에요. 그러나 조흔판에 그어보면 자철석의 조흔색은 검은색이고, 적철석의 조흔색은 붉은색이라는 걸 확인할 수 있죠.

► 자철석과 금은 색과 조흔색이 같은 광물이다 ◄

광물	자철석	적철석	흑운모	금	황동석	황철석
색	검은색			노란색		
조흔색	검은색	붉은색	흰색	노란색	녹흑색	검은색

굳기

광물의 단단한 정도를 굳기라고 해요. 서로 다른 광물을 긁었을 때 긁히는 쪽은 상대적으로 덜 단단하죠. 독일의 지질학자 모스는 10가지 표준 광물의 상대적인 굳기를 1부터 10까지 비교해 정리했어요.

모스 굳기 (상대 굳기)	광물 이름	절대 굳기
1	활석	1
2	석고	2
3	방해석	9
4	형석	21
5	인회석	48
6	정장석	72
7	석영(수정)	100
8	황옥(토파즈)	200
9	강옥(루비, 사파이어)	400
10	금강석(다이아몬드)	1500

2.5 | 손톱
3.5 | 동전
4.5 | 못
6 | 유리
6.5 | 조흔판

모스 굳기계

모스 굳기는 숫자가 클수록 단단한 광물이라고 보면 돼요. 보통 보석은 아름답고 희귀하며 단단해야 오래 보존할 수 있어 가치가 높은데, 모스 굳기 7 이상부터 보석에 들어갈 수 있어요.

석영은 수정이라고도 하며 붉은색은 자수정이라고 해요. 황옥은 토파즈라고 불리고, 강옥은 색에 따라 붉은색은 루비, 푸른색은 사파이어예요. 가장 단단한 금강석이 바로 다이아몬드예요.

자성

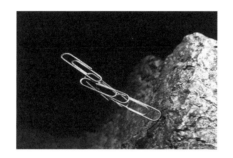

여러 광물 중에는 자성이 있어서 쇠로 된 작은 못이나 클립이 달라붙는 특성을 가진 광물도 있어요. 황철석, 적철석, 자철석 중 자성을 띠는 광물은 자철석이에요.

염산 반응

방해석과 석영은 광물 고유의 색뿐만 아니라 조흔색도 비슷해서 구별하기 어려워요. 이럴 때는 어떻게 두 광물을 구분해야 할까요?

겉보기색과 조흔색이 모두 같은 경우에는 묽은 염산을 떨어뜨려 보면 쉽게 구별할 수 있어요. 방해석은 염산을 떨어뜨리면 거품이 발생하고, 석영은 발생하지 않아요. 거품 속 기체는 이산화탄소인데, 탄산염 광물에서 주로 일어나는 반응이에요. 광물을 이루는 화학성분 차이 때문이죠. 방해석은 탄산염($-CO_3$) 광물이고, 석영은 규산염($-SiO_4$) 광물이에요.

복굴절

방해석은 복굴절이라는 특이한 현상을 나타내요. 복굴절이란 방해석을 통과한 빛이 굴절하면서 두 개로 갈라지는 현상이에요. 이로 인해 방해석을 통해 글자를 보면 두 개로 겹쳐서 보이게 돼요.

┌─ **이것만은 알아 두세요** ─

1. 암석을 이루는 주요 광물을 조암 광물이라고 하고 석영, 장석, 흑운모, 각섬석, 휘석, 감람석 등이 있다.
2. 조흔색은 초벌구이 도자기판인 조흔판에 긁었을 때 묻어 나오는 광물 가루의 색이다.
3. 모스 굳기에 해당하는 광물은 활석, 석고, 방해석, 형석, 인회석, 정장석, 석영, 황옥, 강옥, 금강석 순서이다.

풀어 볼까? 문제!

1. 화강암을 이루는 대표 광물 3개를 조사해 보자.

2. 황철석, 자철석, 적철석을 조흔판에 그었을 때 조흔색을 적어 보자.

정답

1. 석영, 장석, 흑운모

2. 황철석 : 검은색, 자철석 : 검은색, 적철석 : 붉은색

5. 암석에서 흙이 되기까지

위의 사진은 미국 서남부 지역에 위치한 모뉴먼트 밸리의 모습이에요. 나바호 국립 인디언 공원에 속하는 모뉴먼트 밸리는 콜로라도 고원의 일부이고, 단단한 사암으로 이루어졌으며, 예전에는 화산이 곳곳에 있었어요.

오랜 시간 동안 물과 바람에 의한 풍화 침식으로 약한 암석이나 화산들은 모두 깎여나가 평평한 대지가 되었고, 현재는 높이가 457m에 달하는 화성암 핵만 남은 독특한 지형을 이루고 있어요. 또한, 철 성분을 많이 포함하고 있던 사암이 산화 작용으로 인해 붉은색의 산화철 토양을 만들었어요.

모뉴먼트 밸리는 지구상에서 일어난 풍화 작용의 결과를 잘 보여주는 곳이에요.

지표에 드러난 암석이 오랫동안 물, 공기, 생물 등의 작용으로 부서지고 분해되어 흙으로 변해가는 현상을 풍화라고 해요. 풍화에는 암석이 부서져 크기만 줄어드는 풍화 작용과 암석의 성분을 변화시키는 풍화 작용 두 가지가 있어요.

풍화 작용은 암석의 종류, 기온, 강수량, 노출 시간, 지형 등에 따라 풍화의 양상이나 정도가 달라집니다. 풍화는 지표면의 모양을 바꾸고, 암석을 토양으로 변화시키는 암석 순환의 중요한 작용 중의 하나랍니다. 그럼 이제 풍화가 어떤 과정으로 일어나는지 알아보기로 해요.

먼저 암석의 성분은 변하지 않고 크기만 작아지는 풍화 작용에 대해서 알아봅시다. 추운 지역에서는 물이 암석의 틈을 벌리는 작용을 합니다. 암석의 갈라진 틈으로 스며든 물이 얼면 부피가 팽창하게 되고, 이 현상이 암석의 틈을 더 벌리죠. 이러한 과정을 반복하다 보면 암석이 부서지게 돼요. 식물의 뿌리도 암석의 틈 속에서 자라면서 틈을 더 벌어지게 하고 결국 암석이 부서지게 해요.

땅속 깊은 곳에서 만들어진 암석이 땅 위로 드러나면 암석을 누르던 힘이 약해져요. 그러면서 암석의 겉 부분이 마치 양파 껍질처럼 떨어져 나가며 부서지게 되는데, 이를 박리 작용이라고 해요. 그 결과로 판상 절리가

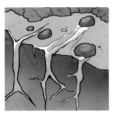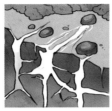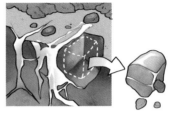

물의 쐐기 작용

만들어집니다. 북한산이나 불암산의 화강암에서 판상 절리를 쉽게 볼 수 있어요.

사막에서는 모래 섞인 바람에 의해서 암석이 부서지게 돼요. 그 결과 버섯 바위가 만들어지죠. 위와 같은 경우들은 크기가 작아지는 풍화 작용이에요.

이번에는 암석의 성분을 변화시키는 풍화 작용에 대해서 알아봅시다. 암석이 공기나 물에 닿으면 암석의 성분이 변하거나 물에 녹아 일부 성분이 빠져나가는 현상이 일어나요. 또, 땅 위로 드러난 암석의 색이 변하기도 하죠. 이렇게 암석의 성분이 변하면 약해지는 경우가 많아 부서지기 더 쉬워져요. 예를 들어, 대리암으로 만든 조각상이 산성비에 의한 풍화 작용으로 형체를 알아볼 수 없게 된다거나, 단단한 철이 녹이 슬어 부서지는 것들이에요.

석회암 지대에 형성된 석회 동굴 역시 지하수에 의해 석회암이 녹아 만들어진 풍화의 결과물이에요. 이산화탄소가 녹아있는 지하수가 오랜 시간에 걸쳐 석회암을 녹이면서 흐르다가 지하수가 빠지면서 형성된 것이 석회 동굴이에요. 석회 동굴 안에는 천장에서 내려오는 종유석, 바닥에서 올라오는 석순이 있어요. 종유석과 석순이 만나면 석주가 돼요.

정장석이 빗물에 의해 화학 성분이 변하여 고령토가 되는 것도 풍화예요. 고령토가 빗물에 의한 풍화를 더 받으면 보크사이트가 되는데, 이 보크사이트에서 알루미늄을 얻을 수 있어요. 우리나라는 고령토는 풍부하지만, 보크사이트는 부족하여 알루미늄을 수입에 의존하고 있어요.

화성이 붉은색을 띠는 것도 토양 속 철 성분이 풍화로 녹슬어 산화철이 되어서예요. 이런 사실로 미루어, 과거에는 화성에도 산소가 풍부했다는 것을 알 수 있어요.

풍화는 생명체가 살아갈 수 있도록 지권의 암석을 부수거나 약화시켜서 지표에 식물이 자랄 수 있는 토양을 형성하고 지표를 변화시켜요. 기반암이라는 커다랗고 단단한 암석이 오랜 시간 동안 풍화되어 부서지면 돌 조각으로 이루어진 모질물이 되고, 모질물이 풍화를 더 오랜 시간 받으면 토양의 가장 겉 부분인 표토가 돼요.

표토에는 미생물이 살게 되어 식물이 자랄 수 있어요. 표토에서 만들어진 더 작은 크기의 흙이 빗물에 의해 표토와 모질물 사이로 스며들어 쌓이게 된 것이 심토예요. 심토까지 만들어지면 식물이 자라기에 최적의 조건인 비옥한 토양이 되는 거죠.

식물이 잘 자랄 수 있는 비옥한 토양이 만들어지는 데는 수백 년이 걸려요. 이렇게 오랜 시간에 걸쳐 만들어진 토양을 잘 보존해야 하겠죠? 만약 산림 훼손이나 폭우 등으로 인해 토양이 유실되면 다시 수백 년의 시간이 필요해요.

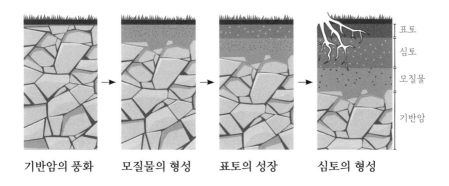

기반암의 풍화   모질물의 형성   표토의 성장   심토의 형성

1. 지표에 드러난 암석이 오랫동안 물, 공기, 생물 등의 작용으로 부서지고 분해되어 흙으로 변해가는 현상을 풍화라고 한다.
2. 석회 동굴도 풍화에 의해 생겼다.
3. 비옥한 토양은 기반암, 모질물, 표토, 심토 순으로 만들어진다.

풀어 볼까? 문제!

1. 석회 동굴이 만들어지는 과정을 풍화와 연관하여 설명해 보자.

2. 비옥한 토양이 만들어지는 과정을 순서대로 설명해 보자.

정답

1. 석회암 지대에 이산화탄소가 녹아있는 지하수가 오랜 시간에 걸쳐 흐르면서 석회암을 녹여 만든다.

2. 기반암의 풍화로 모질물이 형성되고, 모질물이 풍화되어 표토가 된다. 표토가 풍화되어 더 작아진 입자는 빗물에 의해 가라앉아 표토와 모질물 사이에 쌓여 심토가 된다. 심토까지 형성되면 비옥한 토양이 된다.

6. 대륙이 움직여요

산은 어떻게 만들어졌을까요? 이 궁금증을 해결하기 위해 등장한 것이 지구 수축설이에요. 과일이 말라 표면이 쭈글쭈글해질 때 주름이 생기는 것처럼, 뜨거웠던 지구가 식으면서 지구 표면에 산맥, 평지, 강, 바다가 생겨났다고 생각했어요. 그러나 지구 수축설로 거대한 산맥이 만들어졌다는 것에 대한 증거가 발견되지 않았으며, 산맥들의 형성 시기가 다르다는 것이 밝혀지면서 지구 수축설은 힘을 잃었어요.

서로 멀리 떨어져 있는 두 대륙에서 같은 종류의 생물 화석이 존재한다는 사실을 설명하기 위해서 이번엔 육교설이 등장했어요. 과거 생물들이 대륙과 대륙을 잇는 육교를 통해 이동했다는 가설이에요.

대서양 양쪽에 있는 아프리카 서쪽 해안선과 남아메리카 동쪽 해안선이 비슷한 모습을 하고 있다는 생각을 한 지리학자는 본래 하나의 커다란 대륙이 노아의 대홍수 이후 갈라져 분리되었다는 가설을 주장하기도 했어요.

하지만 어떤 가설도 의문을 속시원하게 설명해 주진 못했어요. 시간이 흐를수록 거대한 습곡 산맥이 어떻게 생겨났으며 왜 멀리 떨어진 두 대류에서 같은 종류의 생물 화석이 존재하는지에 대한 의문들은 커져만 갔지요.

1912년 독일의 알프레트 베게너는 남아메리카 대륙의 동쪽 해안선과 아프리카 대륙의 서쪽 해안선이 퍼즐 조각처럼 꼭 들어맞는다는 것을 발견하고 '두 대륙은 원래 붙어 있었던 것이 아닐까?'라는 생각을 하게 돼요.

그렇게 연구를 시작한 어느 날, 대서양을 사이에 둔 브라질과 아프리카에서 메소사우루스라는 육상 담수 파충류의 화석이 발견됐다는 논문을 읽게 되죠. 이를 계기로 대륙이동설을 확신하게 됐고, 이를 증명할 증거 수집을 본격적으로 하게 되었어요.

1915년에는 《대륙과 해양의 기원》이라는 책을 내면서 대륙이동설을 발표했어요. 베게너가 주장한 대륙이동설은 과거 거대한 대륙인 판게아가 약 2억 년 전부터 갈라지기 시작했고, 그 사이에 대서양이 형성되어 현재와 같은 대륙 분포를 이루었다는 내용이에요.

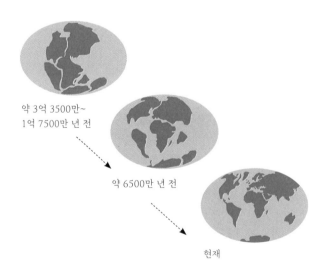

약 3억 3500만~
1억 7500만 년 전

약 6500만 년 전

현재

베게너는 대서양을 사이에 둔 남아메리카와 아프리카의 해안선이 일치한다는 점, 바다 건너 멀리 떨어진 여러 대륙에서 발견되는 생물 화석이 같다는 점, 유럽과 북아메리카에 있는 산맥의 지질 구조가 서로 연결된다는 점, 여러 대륙에 남은 고빙하의 분포와 이동 흔적이 서로 연결된다는 잠을 증거로 제시했어요.

산맥의 분포
현재 떨어져 있는 두 대륙의 산맥이 서로 연결된다

해안선 모양의 일치
대서양을 사이에 둔 양쪽 두 대륙의 해안선 모양이 잘 들어맞는다

화석의 분포
세계 각지에 흩어져 있던 같은 생물 화석의 분포 지역이 서로 연결된다

빙하의 흔적
여러 대륙에 남아 있는 빙하의 흔적이 서로 연결된다

그러나 당시 지질학자들은 베게너의 대륙이동설을 인정하지 않고 많은 비판을 했어요. 사람들이 땅은 움직이지 않는다고 믿고 있었고, 대륙을 이동시킨 힘의 근원을 설명하지 못한 베게너의 주장을 받아들일 수 없었어요. 베게너는 대륙이동설을 입증할 증거를 찾기 위해 그린란드 탐사를 떠

났지만 결국 대륙을 이동시킨 힘의 근원을 밝히지 못한 채 생을 마감하게 돼요.

한편 베게너의 대륙이동설을 지지했던 영국의 지질학자 아더 홈즈는 베게너가 설명하지 못한 힘의 근원을 맨틀 대류라고 주장하며 맨틀대류설을 발표해요. 맨틀의 아랫부분은 지구 중심부에 가까워 온도가 높고 윗부분은 온도가 낮아 열대류가 일어나고, 그로 인해 맨틀이 움직이면서 그 위에 있는 지각도 함께 이동하게 된다는 거예요. 특히 맨틀 물질이 상승하는 곳, 즉 해령에서 대류이 갈라져 이동한다는 가설입니다.

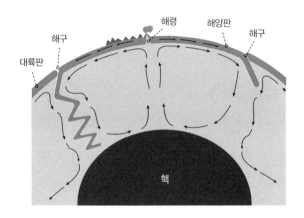

맨틀 대류설도 맨틀 물질이 상승하는 곳인 해령을 찾아 증거로 제시해야 했는데, 당시의 과학 기술로는 바다 깊은 곳에 있는 해령을 찾지 못했어요. 결국 맨틀대류설도 인정을 받지 못한 채 대륙이동설과 함께 묻히게 돼요.

2차 세계대전 당시 잠수함을 찾기 위해 개발된 과학 기술이, 전쟁이 끝난 후에는 해양 탐사에 활용되었어요. 그 대표적인 기술이 음향측심법이에요. 음향측심법을 이용한 해저 지형 조사가 활발하게 이루어지기 시작하면서, 대서양 중앙에서 맨틀 대류설의 중요한 증거였던 해저 산맥을 발견하게 되었어요.

이후 1960년대 초, 미국의 지구 물리학자 로버트 디츠와 헤리 헤스는 각각 해저확장설을 발표했어요. 해저확장설은 대서양 중앙 해령 아래에서 맨틀 물질이 상승하여 해령을 중심으로 새로운 해양 지각이 만들어지고, 이렇게 만들어진 해양 지각이 맨틀 대류에 따라 양옆으로 이동하면서 바다가 점점 넓어진다는 내용이에요.

또한 양쪽으로 이동하던 해양 지각이 대륙 지각과 만나는 해구에서는 해양 지각이 대륙 지각 아래로 미끄러지듯 내려가면서 소멸된다고 해요. 특히 해양 지각이 이동하는 힘의 근원을 맨틀 대류로 보았으며, 이후 탐사가 계속 진행되면서 해저확장설의 증거들이 더 많이 확인되었어요.

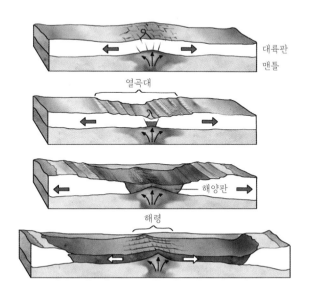

해저확장설의 증거는 여러 가지가 있어요. 해령을 중심으로 양옆에 만들어진 해양 지각의 나이가 대칭을 이루면서 많아지고 지각 위에 쌓인 퇴적물의 두께가 두꺼워지는 점, 해구 쪽으로 갈수록 수심이 깊어진다는 점, 변화 단층의 발견 등이에요. 이 증거들은 대륙이동설과 맨틀대류설을 뒷받침하는 증거가 되었고, 이후 판구조론 연구가 발전하는 데 크게 기여했어요.

결국 처음 등장했을 때 많은 지질학자에게 지지받지 못했던 베게너의 대륙이동설은 맨틀대류설과 해저확장설에 이어 판구조론으로의 발전을 가져왔어요. 아직까지 베게너의 대륙이동설이 빛나는 이유예요.

이것만은 알아 두세요

1. 과거에 대륙이 하나로 붙어 있다가 이동하여 현재의 분포를 이루었다는 이론을 대륙이동설이라고 한다.
2. 대륙을 이동시킨 원동력은 맨틀 대류이다.
3. 해령에서는 맨틀 물질의 상승으로 새로운 해양지각이 생성되고, 해구에서는 맨틀 물질의 하강으로 해양지각이 소멸된다.

풀어 볼까? 문제!

1. 베게너가 주장한 대륙 이동설의 증거들은 무엇이 있을까?

2. 대서양 해저에는 대서양 중앙 해령이 있다. 해령에서는 맨틀 물질이 올라와 양 옆으로 이동한다고 한다. 앞으로 대서양의 넓이는 어떻게 될까?

정답

1. 대서양을 사이에 둔 대륙의 마주보는 남아메리카와 아프리카의 해안선이 일치 하며, 애팔래치아 산맥과 칼레도니아 산맥의 지질 구조나 암석의 분포가 일치 한다. 또한, 바다 건너 떨어진 두 대륙에서 같은 육상 고생물 화석이 발견되었 고, 빙하의 흔적이 여러 대륙에서 일치한다.

2. 해령에서 새로운 해양 지각이 형성되면서 양옆으로 확장하기 때문에, 대서양의 넓이는 넓어질 것이다

7. 화산대와 지진대가 일치해요

　판구조론이 나타나기 전에 지질학자들은 태평양 가장자리를 따라 화산이 모여 있는 것을 알고 불의 고리(ring of fire)라는 이름을 붙였어요. 세계 활화산의 약 80%가 판이 수렴하는 경계에서 발견되고, 15%는 판이 갈라지는 곳에서, 나머지 5%는 판 내부에서 발견돼요.

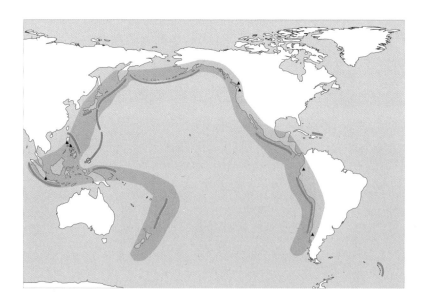

지진이 주로 발생하는 지역도 태평양 가장자리를 따라 대륙과 해양의 경계 부근에 분포해요. 또한 해양의 중심부에도 지진이 자주 발생하는 지역이 띠 모양으로, 특정 지역에만 분포하고 있어요. 화산 활동이나 지진은 전 세계에서 고르게 발생하는 것이 아니라 주로 특정 지역에 집중하여 발생해요. 이처럼 화산 활동이 자주 일어나는 지역을 화산대, 지진이 자주 일어나는 지역을 지진대라고 불러요. 이와 같이 화산과 지진이 특정한 지역에서 집중하여 발생하는 이유는 무엇일까요?

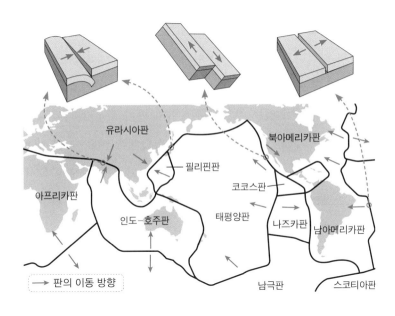

화산대와 지진대는 특정 지역에 띠 모양으로 분포하고 있고, 서로 거의 일치해요. 그 이유는 판구조론으로 설명할 수 있어요. 판구조론에 의하면 지구 표면은 여러 개의 크고 작은 판으로 이루어져 있어요. 판은 지각과 상부 맨틀로 이루어진 약 100km 두께의 단단한 암석권이예요. 보통 해양 지각을 포함하면 해양판, 대륙 지각을 포함하면 대륙판으로 구분해요.

연약권은 암석권(판) 아래 지진파의 속도가 느려지는 지역으로, 약 100~700km 깊이에 위치한 상부 맨틀이에요. 연약권에서는 아주 느린 속도로 대류가 일어나기 때문에 연약권 위에 있는 암석권(판)도 서서히 움직이게 되는 거예요. 판의 이동 방향과 속도는 제각기 달라요.

연약권 내 맨틀 대류가 상승하는 지역에서는 판이 갈라지면서 서로 반대 방향으로 이동하게 되는데, 이곳에 해령이 발달해 있어요. 가장 대표적인 지역이 대서양 중앙 해령으로, 베게너가 주장했던 대륙이동설의 증거가 되는 장소예요. 이렇게 판이 갈라지는 곳에서는 화산 활동과 지진 활동이 활발하게 일어나요. 대서양뿐만 아니라 동태평양 해저에도 인도양 해저에도 해령이 분포해 있어요.

맨틀 대류의 하강이 있는 지역에서는 판과 판이 서로 가까워져 부딪쳐 해양판이 대륙판 아래로 내려가는 해구가 발달해 있어요. 가장 대표적인 지역이 바로 불의 고리라 불리는 태평양 가장자리예요. 화산 활동의 80%와 지진이 활발하게 일어나는 곳이죠. 이곳의 화산 활동은 격렬하게 폭발하고 지진의 규모도 커요.

마지막으로 두 판이 서로 스쳐 지나가는 지역에서는 화산 활동이 일어나지 않고 지진 활동만 일어나요. 미국 서부 산안드레아스 단층이 대표적인 지역이에요. 그래서 전 세계 화산대와 지진대의 분포가 판의 경계와 거의 일치하는 거예요.

이번엔 판의 경계를 세 가지 유형으로 구분해 보기로 해요. 첫 번째는 판과 판이 멀어지는 발산형 경계, 두 번째는 판과 판이 모여드는 수렴형 경계, 세 번째로 판과 판이 스쳐 지나가는 보존형 경계로 구분할 수 있어요. 각 경계에서 일어나는 화산 활동과 지진 활동은 조금씩 차이가 있답니다.

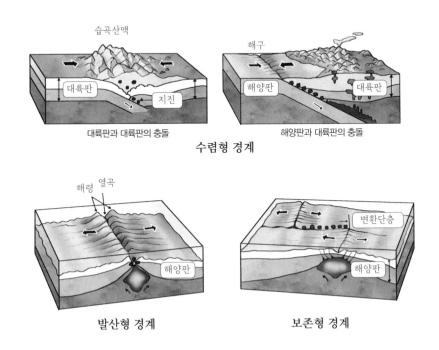

우선 발산형 경계에서는 해령이 발달하고, 해령을 중심으로 현무암질 마그마가 분출해요. 이 마그마는 새로운 해양 지각을 만들면서 느리게 양옆으로 확장돼요. 그래서 해양 지각은 현무암으로 되어 있으며, 판이 갈라지면서 지진이 발생하기 때문에 진원의 깊이가 70km 이내인 천발 지진이 대부분을 차지해요.

수렴형 경계에는 해구가 발달해요. 해구에서는 주로 밀도가 큰 해양판이 대륙판 아래로 들어가면서 소멸해요. 화산 활동은 주로 안산암질 마그마가 격렬한 폭발과 함께 분출해요. 해양판이 대륙판 아래 연약권까지 들어가면서 지진을 발생시키기 때문에 진원의 깊이가 100km를 넘게 돼요. 해구에서 대륙 쪽으로 갈수록 진원의 깊이가 깊어지는 경향도 보여요. 이를 이용하여 수렴형 경계에서 소멸하는 판의 이동 방향을 알 수 있지요.

보존형 경계에서는 판의 생성이나 소멸이 없으며 화산 활동도 일어나지 않아요. 단, 판의 경계에 해당하므로 진원의 깊이가 70km 이내인 천발 지진만 발생해요.

지진대와 화산대가 일치하고 특정 지역에서 띠 모양으로 발생하는 이유는 판구조론으로 모두 설명이 가능해요. 이제 판의 경계를 따라 화산 활동과 지진 활동이 일어나고 있음을 이해할 수 있겠죠?

이것만은 알아 두세요

1. 화산 활동이 자주 일어나는 지역을 화산대, 지진이 자주 발생하는 지역을 지진대라고 한다.
2. 판은 지각과 상부 맨틀로 이루어진 약 100km 두께의 단단한 암석권이다.
3. 판의 경계에서 발산형 경계, 수렴형 경계, 보존형 경계가 있다.

풀어 볼까? 문제!

1. 판의 경계에는 어떤 유형이 있을까?

2. 지진대와 화산대가 판의 경계와 대부분 일치하는 이유는 무엇일까?

정답

1. 발산형 경계, 수렴형 경계, 보존형 경계

2. 대부분의 지진과 화산이 판의 경계에서 일어나는 판의 생성이나 소멸, 판의 엇갈림으로 발생하기 때문이다.

8. 지진이 발생했어요

　기상청에 따르면, 2016년 9월 12일 오후 7시 44분에 경주시 남남서쪽 8.2km 지역에서 규모 5.1의 지진이 발생했어요. 48분 후인 2016년 9월 12일 오후 8시 32분에 경주시 남남서쪽 8.7km 지역에서 규모 5.8의 지진이 발생했습니다. 진원지는 북위 35.76°, 동경 129.19°이며, 진원의 깊이는 약 13km로 추정합니다.

　이 지진은 1978년 홍성지진 발생 이후 도시 부근에서 발생한 가장 큰 규모의 지진이에요. 경주에서 진도 VI, 바다 건너 일본 쓰시마섬에서 진도 III에 해당하는 진동이 관측되었습니다. 9월 12일에 전진 1번, 본진 1번이 발생했으며, 9월 19일에는 규모 4.5의 여진이 발생했어요. 2017년 11월

15일까지 여진은 총 640회에 달했어요.

비록 지진 발생 규모에 비하여 실제 피해는 크지 않았으나, 향후 이보다 더 큰 지진이 한반도에 발생할 가능성이 있어요. 지진으로 인한 인명 및 재산 피해도 있을 수 있으니 평소 지진에 대해 알고 지진 시 행동 요령을 잘 알아 두는 것이 중요하겠죠?

그럼 지진에 대해서 알아보도록 해요. 지진은 단층이나 화산 폭발과 같은 지구 내부의 급격한 변동으로 발생해요. 지구 내부에 응축되어 있던 탄성 에너지가 지구 내부에서 파동의 형태로 전달되는데, 이를 지진파라고 해요.

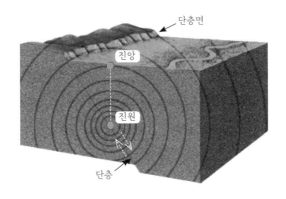

실제 지진이 발생하는 지구 내부를 진원이라고 하고, 진원으로부터 수직으로 올라온 지표면 위를 진앙이라고 해요. 일반적으로 경주에서 지진이 발생했다고 하면 경주는 진앙이 되는 거예요. 진앙에서 진원까지의 깊이를 진원 깊이라고 해요.

진원의 위치가 지하 약 70km 이내인 지진을 천발 지진, 70~300km인 지진을 중발 지진, 300km 이상인 지진을 심발 지진이라고 해요. 암석권

(판)의 두께인 100km를 기준으로 판 내부에서 발생하는지 아니면 더 깊은 곳에서 발생하는지 구분하기 위함이에요.

일반적으로 판과 판이 멀어지는 발산형 경계나 어긋나게 스쳐 지나가는 보존형 경계에서는 진원의 깊이가 70km 이내인 천발 지진만 발생하고, 판과 판이 충돌하는 수렴형 경계에서는 천발 지진부터 심발 지진이 모두 발생해요. 진원의 깊이를 이용하여 판의 경계 유형을 판단할 수 있으며, 판의 경계를 기준으로 어느 판이 소멸되는지도 알 수 있어요.

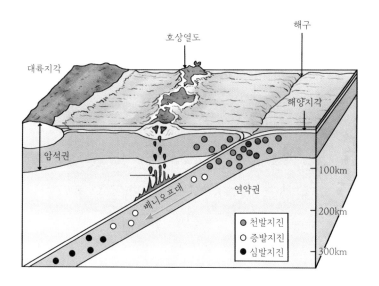

지진파는 지구 내부에서 전파되는 실체파와 지표면을 따라 전파되는 표면파로 나눌 수 있어요. 실체파에는 종파인 P파와 횡파인 S파가 있어요. P파(primary wave)는 가장 먼저 도착한다는 의미고, S파(secondary wave)는 두 번째 도착한다는 의미예요.

P파는 음파와 마찬가지로 매질이 압축과 팽창을 반복하면서 부피 변화

를 일으키며 전파돼요. 그래서 고체, 액체, 기체를 모두 통과할 수 있고, 전파 속도가 빠른 대신 흔들림 정도는 작아요.

S파는 매질이 비틀림 형태로 진동하면서 전파되기 때문에 고체만 통과할 수 있고 액체나 기체 상태의 매질은 통과할 수 없어요. 이 때문에 S파의 전파 속도가 P파보다 느린 대신 흔들림 정도는 커요.

따라서 지진 기록계에는 P파가 먼저 기록되고 뒤이어 S파가 기록돼요. 이런 P파의 특징을 이용한 것이 바로 긴급 재난 문자 발송이에요. P파가 먼저 도착하기 때문에 긴급 재난 문자를 먼저 받고, 그 이후에 건물이 흔들리는 것을 알 수 있어요. 결국 긴급 재난 문자를 받았으면 안전한 곳으로 대피해야 해요.

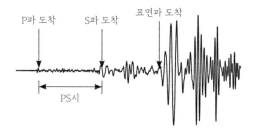

P파가 먼저 도착하고 뒤이어 S파가 도착할 때까지의 시간 차이를 PS시라고 해요. PS시의 값은 진원까지의 거리에 비례해요. 보통 100m 달리기에서 1등과 2등 차이는 영점 몇 초 차이가 나지만, 42.195km 마라톤에서 1등과 2등 차이는 100m 달리기보다 훨씬 많은 차이가 나는 것과 비슷해요. PS시 값이 클수록 진원까지의 거리가 멀어요.

지진의 세기는 규모와 진도로 나타내요. 규모는 지진이 발생할 때 방출되는 에너지의 크기를 나타낸 것으로, 보통 아라비아 숫자로 나타내요. 규모를 나타내는 숫자가 클수록 강한 지진으로, 우리나라 관측 이래 가장 큰 규모의 지진은 규모 5.8인 경주 지진이었어요.

규모가 1씩 증가할 때마다 지진이 방출하는 에너지는 약 30배씩 증가해요. 예를 들어 규모 5는 규모 3보다 약 900배 더 많은 에너지를 방출하는 거예요. 그래서 규모는 소수 첫째 자리까지 자세히 표시해요. 2011년 동일본 대지진은 규모 9.0으로, 규모 7.0이었던 아이티 지진보다 900배 더 강력했어요.

진도는 어떤 지점에서 땅이 흔들리는 정도나 피해 정도를 나타낸 것으로, 보통 로마자로 나타내요. 지진이 발생했을 때, 규모는 변하지 않지만 진도는 관측 지점에 따라 달라집니다. 큰 지진이 발생해도 거리가 멀리 떨어질수록 진도가 작아지고, 같은 지역이라도 지반 조건, 건물 상태 등에 따라 진도가 달라져요. 건축물을 지을 때 내진 설계를 한 건축물의 경우 지진 피해를 최소화할 수 있어요.

규모에 따른 피해 정도를 서로 비교한 표를 통해 혹시 발생할지도 모를 지진에 대한 대비책을 강구하고, 지진 대피 훈련에 열심히 참여해 우리의 안전을 지키도록 해요.

메르칼리 진도 등급	강도	효과	리히터 규모
I	기계만 느낌	지진계나 민감한 동물이 느낀다	~3.5
II	아주 약함	가만히 있는 민감한 사람이 느낀다	3.5
III	약함	트럭이 지나가는 것과 같은 진동을 느낀다	4.2
IV	중간 정도	실내에서 진동을 느끼고 정지한 자동차를 흔든다	4.5
V	약간 강함	일반적으로 진동을 느껴 자는 사람을 깨운다	4.8
VI	강함	나무가 흔들리고, 의자가 넘어진다. 일반적인 피해를 초래한다	5.4
VII	보다 강함	벽에 금이 가고 떨어진다	6.1
VIII	파괴적임	굴뚝, 기둥이나 약한 벽이 무너진다	6.5
IX	보다 파괴적임	집이 무너진다	6.9
X	재난에 가까움	많은 빌딩이 파괴되고 철도가 휜다	7.3
XI	상당한 재난	몇 개의 빌딩만 남고 다 무너진다	8.1
XII	천재지변	완전히 파괴된다	8.1~

메르칼리와 리히터 척도

풀어 볼까? 문제!

1. 지하에서 지진이 처음 발생한 곳을 무엇이라고 할까요?

2. 규모와 진도를 비교 설명해 보자.

정답

1. 진원

2. 규모는 지진 발생 시 방출하는 에너지의 양으로, 절대적 크기를 갖고 아라비아 숫자로 표시한다. 진도는 지진에 의한 피해와 진동의 세기로, 상대적 크기를 갖고 로마자로 표시한다.

 지권인

웬 사진?

어, 금성이야

 지권인

무슨 말이야?
금성이 어디에 있어?

잘 찾아봐. 안 보이니?

 해양인

뭐야. 태양 흑점 사진이잖아

 하늘인

얘들아~ 저거 금성 맞아

이건 금성에 의한 일식 현상이야
저기 태양 앞에 있는 검은 점은
흑점이 아니라, 금성이구!

해양인

일식은 달이 태양을 가리는 거잖아
근데 저게 일식이라고?

달에게 태양이 가려지는 게 일식 맞는데
금성에 의한 일식도 있어!

 해양인

금성? 금성의 크기는 지구랑 비슷한데
저렇게 작다고? 달보다도?

 지권인

그래, 태양계 행성 중 금성이 지구랑
크기가 가장 비슷하다고 했는데
저건 너무 작은 거 아냐?

ㅋㅋ 거리 비를 생각 안 하는군!
난 외계인 친구한테 지구 주소를 불러 주면서
태양계에 대해 공부 좀 했지!

 지권인

그래? 나도 좀 가르쳐 줘
지구만 알지 태양계는 잘 몰라

그래! 이번엔 내가 알려 줄게!

  #

1. 지구와 달의 크기는 어떻게 잴까?

　2017년 8월 21일 개기 일식이 일어나는 과정을 촬영한 사진이에요. 밝은 부분이 태양이고, 그 위를 서서히 덮어 가는 검은 부분은 달이에요. 달이 태양을 가리고 있어요. 그러고 보니 태양과 달의 크기가 같네요.

　사실 태양은 지구보다 엄청나게 크고 달은 지구보다 작은데, 태양과 달의 크기가 같아 보이는 이유는 지구에서 태양까지의 거리가 지구에서 달까지의 거리보다 더 멀기 때문이에요. 내 엄지손가락으로 태양을 가릴 수 있는 것도 태양보다 내 엄지손가락이 내 눈에 가깝기 때문이죠.

　지금은 과학 기술이 발달해서 태양과 달, 지구의 크기를 정확하게 잴 수 있어요. 그런데, 과학 기술이 발달하기 이전에도 태양과 달, 지구의 크기를 잰 과학자들이 있었습니다. 어떤 방법을 이용하면 태양과 달, 지구의 크기를 잴 수 있는지 알아볼까요?

지구는 둥글다는 것은 현대를 살고 있는 우리는 모두 아는 당연한 사실이에요. 그러나 아주 오래전엔 지구가 둥글다는 생각조차 할 수 없었죠. 기원전 6세기경 피타고라스는 지구가 완전한 구여야 한다고 생각했으며, 그로부터 200여 년 뒤 아리스토텔레스는 월식 때 달에 생긴 지구의 그림자를 보고 지구가 구형이라고 주장했어요. 또한 16세기 초에는 지구를 한 바퀴 돈 마젤란 탐험대가 지구가 둥글다는 사실을 입증했어요. 이러한 생각의 변화가 지구의 크기를 잴 수 있는 밑거름이 되었지요.

둥근 지구의 크기를 측정한 사람은 알렉산드리아의 무세이온 도서관장이었던 에라토스테네스예요. 그는 알렉산드리아의 도서관에서 남부 이집트의 시에네에 수직으로 깊이 파인 우물이 1년에 한 번씩 정오의 태양 빛을 받고 밝아진다는 이야기를 읽었어요. 그건 태양이 바로 머리 위에 있기 때문이라고 생각했죠. 그런데 시에네보다 북쪽에 있는 알렉산드리아에서도 같은 날 정오에 수직으로 선 물체에 그림자가 생기는 거예요.

이 때문에 에라토스테네스는 태양이 바로 머리 위에 없다는 걸 알게 되었어요. 시에네와 알렉산드리아에서 지면에 비치는 태양 빛의 각도가 다른 이유는 지구가 둥글기 때문이라고 생각했죠.

에라토스테네스는 지구는 완전한 구형이고, 지도의 발달로 위도와 경도 개념이 있으며, 태양 빛은 지구에 평행하게 도달한다는 사실을 토대로 지구의 크기를 측정했어요. 바로 원에서 호의 길이는 중심각의 크기에 비례한다는 원리를 이용했어요.

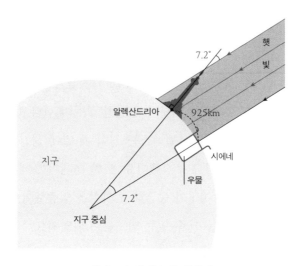

에라토스테네스의 계산법

지구의 둘레 : 925km = 360° : 7.2°

$$\therefore 지구의\ 둘레 = \frac{925km \times 360°}{7.2°}$$

 먼저 알렉산드리아에서 지면에 수직으로 세운 물체와 물체의 그림자 끝이 이루는 각도를 측정하여 7.2°라는 것을 알아냈어요. 이 각도는 알렉산드리아와 시에네, 지구 중심이 이루는 각과 같아요. 알렉산드리아에서 시에네까지의 거리는 약 925km인데, 지구를 원이라고 가정하면 두 지점 사이의 길이는 호의 길이가 되죠.

 이런 방법으로 에라토스테네스가 계산한 지구의 둘레는 약 46,000km예요. 지구의 반지름은 약 7,365km로 계산되었어요. 오늘날 인공위성을 이용하여 잰 지구의 반지름은 약 6,400km인 것으로 밝혀졌어요. 약 10% 정도의 오차가 있지만, 당시의 기술로 정오에 시에네와 알렉산드리아 간의 그림자 길이가 다르다는 사실만을 통해 지구의 둘레를 계산해 냈다는 것은 정말 대단한 일이라 할 수 있겠죠?

그렇다면 멀리 떨어진 달의 크기는 어떻게 잴 수 있을까요? 이미 앞에서 이야기한 것처럼 태양과 달의 크기가 같아 보이는 이유는 거리가 다르기 때문이에요. 그럼 달의 크기도 거리 비를 이용하면 잴 수 있지 않을까요? 그러니까 여기서는 서로 닮은 두 삼각형에서 대응변의 길이의 비는 일정하다는 원리를 이용해 계산해 보면 됩니다.

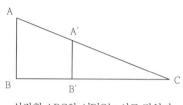

삼각형 ABC와 A'B'C는 서로 닮았다
닮은 비는 $\overline{AB} : \overline{A'B'} = \overline{BC} : \overline{B'C}$

달까지의 거리를 재는 방법은 다음과 같아요. 보름달이 뜬 날에 종이를 앞뒤로 움직여 구멍(지름 d)에 꽉 차게 보일 때 종이와 눈 사이의 거리(l)를 재요. 미리 알아야 하는 값은 지구에서 달까지의 거리(L, 약 38만km)예요. 이 방법을 이용하면 우리도 달의 크기를 직접 잴 수 있어요.

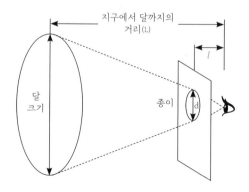

달의 크기 : 종이 구멍(d) =

지구에서 달까지의 거리(L) : 종이와 눈 사이의 거리(l)

$$달의 크기 = \frac{종이 구멍 \times 지구에서 달까지의 거리}{종이와 눈 사이의 거리}$$

오늘날 인공위성을 이용하여 측정한 달의 반지름은 약 1,700km로, 지구 반지름의 약 1/4이에요. 태양의 반지름은 지구 반지름의 약 109배로 달보다 약 436배나 큰데, 지구에서 보면 같은 크기로 보이죠. 이렇게 큰 차이를 보이는 태양과 달의 거리 또한 436배 차이가 난다는 사실은 정말 신기한 것 같아요.

┌─ **이것만은 알아 두세요** ─────────────────────────────

1. 에라토스테네스는 원에서 호의 길이는 중심각의 크기에 비례한다는 원리를 이용하여 지구의 둘레를 측정했다.

2. 달의 크기는 삼각형의 닮은 비를 이용하여 구할 수 있다.

3. 지구의 반지름은 약 6,400km이고, 달의 반지름은 약 1,700km이다.

풀어 볼까? 문제!

1. 에라토스테네스의 방법으로 지구의 둘레를 계산할 때 가정해야 하는 조건 2가지를 써 보자.

2. 실제 태양과 달의 크기에는 큰 차이가 있다. 그러나 개기 일식이 일어날 때 태양과 달의 크기는 같다. 지구에서 봤을 때 태양과 달의 크기가 같아 보이는 이유를 설명해 보자.

정답

1. 지구는 완전한 구형이고 햇빛은 평행하게 들어온다.

2. 실제 태양이 달보다 훨씬 크긴 하지만 달보다 멀리 있기 때문에, 지구에서 봤을 때 크기가 같아 보인다.

2. 지구는 자전하면서 공전도 해요

　밤하늘의 별을 보면 계절을 맞출 수 있어요. 사자자리의 데볼라, 처녀자리의 스피카, 목동자리의 아르크투루스를 연결하면 밤하늘에 대삼각형이 그려지는데, 이 삼각형이 밤하늘에 보인다면 봄이 찾아온 거예요. 여름 밤하늘에는 백조자리의 데네브, 거문고자리의 베가, 독수리자리의 알타이르가 대삼각형을 만들어요. 은하수를 가운데 두고 대삼각형이 보이는 여름밤은 너무 황홀해요.

　북극성은 어두운 밤에 방향을 알려주는 길잡이 별 역할을 해요. 북극성은 항상 북쪽 하늘에서 같은 자리를 지키거든요. 북극성을 바라보면서 계속 가다 보면 지구의 북극에 도착할 거예요. 태양은 새벽에 동쪽 지평선에서 떠오르고, 한낮에는 남쪽 하늘을 지난 후, 저녁이 되면 서쪽 지평선 아래로 사라져요.

　북극성은 하루 종일 같은 자리를 지키고, 태양은 바쁘게 옮겨 다니네요. 북극성과 태양은 왜 다르게 움직이는 걸까요?

　사실 우리가 움직인다고 생각하는 태양과 별은 거의 움직이지 않아요. 어떤 별은 아주 멀리 있어서 움직인다 하더라도 우리가 눈치채기 너무 힘들죠. 그런데 하늘을 쳐다 보면 태양도 별도 바쁘게 하늘을 가로질러 움직이고 있죠. 어떻게 된 일인지 알아볼까요?

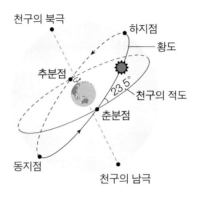

천구의 운동

지구는 자전축을 중심으로 하루(24시간)에 한 바퀴(360도)씩 서쪽에서 동쪽으로 회전하는데, 이를 지구의 자전이라고 해요. 지구의 자전 때문에 태양이 동쪽에서 떠서 서쪽으로 지고, 지구에는 낮과 밤이 생겼어요. 태양뿐만 아니라 달이나 별도 모두 동쪽에서 떠서 서쪽으로 지는 현상이 나타나요.

실제로는 지구 밖의 별은 굉장히 먼 거리에 있기 때문에 움직임을 거의 볼 수 없어요. 우리는 이런 별들이 가상의 구인 천구 상에 붙어있다고 생각하죠. 결국 천구는 가만히 있는데 지구가 자전한다는 거예요.

지구에 살고 있는 사람들은 지구 자전 방향과 반대 방향으로 천체(태양, 달, 별 등)들이 움직이는 것을 보게 돼요. 천체는 하루를 기준으로 한 바퀴씩 천구의 북극(북극성 근처, 지구 자전축)을 중심으로 회전 운동을 해요. 이것은 지구의 자전 때문에 생기는 겉보기 운동으로 일주 운동이라 불러요. 일주 운동으로 태양이 아침에 동쪽에서 떠서 저녁에 서쪽으로 지는 낮과 밤인 하루가 만들어진 거예요.

천체의 일주 운동은 관측자의 위치에 따라 다양한 모습을 보여요. 중위도 지역에 위치한 우리나라에서는 동서남북 하늘에서 천체의 일주 운동이 다양한 모습으로 보여요. 동쪽에서 비스듬히 떠서 남쪽을 지나 서쪽으로 비스듬히 지죠.

남쪽 하늘을 바라보면 천체들이 시계 방향으로 움직이는 것처럼 보여요. 북쪽 하늘에서는 북극성을 중심으로 동쪽에서 비스듬히 떠서 서쪽으로 비스듬히 지는데, 천체들이 시계 반대 방향으로 움직이는 것처럼 보이죠.

모든 천체는 지구 자전 방향의 반대인 동쪽에서 떠서 서쪽으로 지는데, 관측자가 남쪽을 바라보느냐 북쪽을 바라보느냐에 따라 시계 방향인지 시계 반대 방향인지가 다르게 보이는 것뿐이에요.

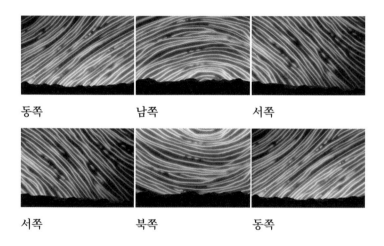

동쪽　　　　　남쪽　　　　　서쪽

서쪽　　　　　북쪽　　　　　동쪽

이번엔 관측자의 위치가 적도와 극에선 어떻게 보일까요? 적도에서는 동쪽 지평선에 수직으로 천체가 떠올라 서쪽 지평선에 수직으로 져요. 물론 관측자가 남쪽을 바라보면 시계 방향, 북쪽을 바라보면 시계 반대 방향인 점은 같아요. 북극에서는 천체가 지평선 위로 떠오르거나 아래로 지지 않고, 지평선과 나란하게 빙글빙글 돌아요. 이때 천체는 동쪽에서 남쪽을 지나 서쪽으로 그리고 북쪽으로 돌아요.

남반구에서의 일주 운동은 어떨까요? 남반구에서 태양의 일주 운동이 동쪽에서 떠서 서쪽으로 지는 것은 같지만, 동쪽에서 떠서 남쪽이 아닌 북쪽 하늘을 지나 서쪽으로 지는 것이 달라요. 그래서 남반구에서는 태양이 남중했을 때가 아니라 북중했을 때 정오가 돼요. 북쪽 하늘을 보면 태양은 시계 반대 방향으로 일주 운동을 해요.

별은 동쪽에서 떠서 남쪽 하늘의 남십자성을 중심으로 일주 운동을 한 후 서쪽으로 지게 되죠. 남십자성을 중심으로 시계 방향의 일주 운동을 해요. 남극에서도 지평선 아래 위로 떠오르거나 지지 않고, 지평선과 나란하게 천체가 빙글빙글 돌아요. 이때 천체는 동쪽에서 북쪽을 지나 서쪽으로, 그리고 남쪽으로 돌아요.

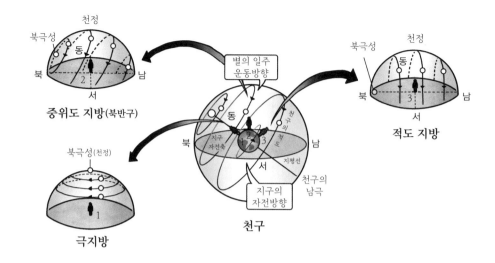

지구는 태양을 중심으로 1년(365일)에 한 바퀴(360도)씩 서쪽에서 동쪽으로 도는데, 이를 지구의 공전이라고 해요. 지구가 지나가는 길을 지구 공전 궤도 또는 황도라고 하고 매년 같은 길을 지나요.

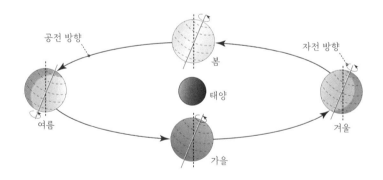

지구가 태양을 중심으로 공전하기 때문에 1년을 주기로 밤하늘의 별자리가 달라져요. 실제로 천구 상에 별자리들은 고정된 것처럼 거의 움직임

이 없죠. 지구가 태양을 중심으로 공전하기 때문에 별자리가 달라지는 거예요.

지구의 공전 방향이 서쪽에서 동쪽이므로, 별자리의 위치 역시 매일 조금씩 동쪽에서 서쪽으로 움직이는 것을 알 수 있어요. 별자리는 태양에 대하여 매일 서쪽으로 $1°$씩 움직여 1년이 지나면 같은 자리에 다시 나타나요. 이러한 별자리의 움직임에 따라 우리가 보는 별들이 계절마다 달라지는 거예요. 이를 천체의 연주 운동이라고 해요.

또한 공전하는 지구에서 보면 상대적으로 태양도 별자리를 배경으로 움직이는 것처럼 보여요. 태양이 별자리를 배경으로 서쪽에서 동쪽으로 $1°$씩 움직여 1년 후에는 처음의 위치로 돌아오는 것처럼 보이는 걸 태양의 연주 운동이라고 해요.

이때 공전하는 지구에서 1년간 바라본 태양이 이동하는 길을 황도라고 하고, 황도에 있는 별자리 12개를 황도 12궁이라고 불러요. 태양은 1월이면 궁수자리 근처에 위치하고, 7월에는 쌍둥이자리 근처에 위치해요. 태양과 함께 있는 별자리는 태양 빛 때문에 볼 수 없겠죠? 그래서 우리나라에서 한밤중에 남쪽 하늘에서 볼 수 있는 별자리는 태양의 반대쪽에 있는 별자리예요.

1월 궁수자리는 1월에 볼 수 없고, 7월의 쌍둥이자리를 남쪽 하늘에서 볼 수 있어요. 태양이 7월 쌍둥이자리에 가 있으면 반대편인 궁수자리를 볼 수 있겠네요. 결국 1월에 해당하는 궁수자리는 7월에 보여요. 생일 별자리는 주로 태어난 날 태양이 어느 별자리 근처에 있는가를 보고 만든 거예요. 그러니까 생일 별자리가 전갈자리이면 12월에 태어난 거고, 생일 별자리는 6월에 볼 수 있는 거죠.

황도 12궁은 태양이 머무르는 위치를 기준으로 정했으니, 황도 12궁을 한밤중 남쪽 하늘에서 볼 수 있는 시기는 항상 반대인 여섯 달 후가 되겠어요.

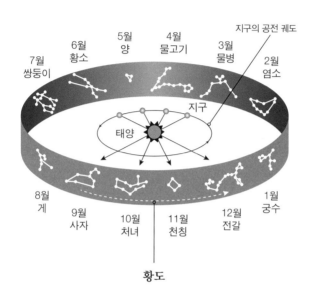

황도

이것만은 알아 두세요

1. 지구의 자전은 지구가 하루 24시간 동안 한 바퀴 360도를 서에서 동으로 도는 것을 말한다.

2. 지구의 공전은 지구는 1년 365일 동안 태양을 중심으로 한 바퀴 360도를 서에서 동으로 도는 것을 말한다.

3. 황도 12궁은 태양이 지나는 길인 황도 부근에 위치하는 대표적인 별자리 12개를 말한다.

풀어 볼까? 문제!

1. 지구의 자전 때문에 천체의 일주 운동을 관측할 수 있다. 그러나 관측자의 위도
   에 따라 일주권은 달라진다. 적도, 중위도, 극 지역에서 천체의 일주권이 어떻
   게 다른지 그림으로 그려 보자.

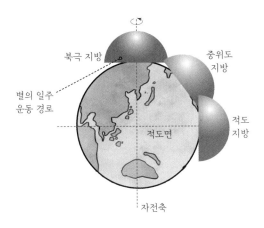

2. 겨울 자정에 남쪽 하늘을 올려다보면 삼태성이라는 허리띠를 차고 있는 오리온
   자리를 볼 수 있다. 매일 밤 같은 시각에 오리온자리를 관측하면 위치가 서서히
   변하는 것을 느낄 수 있다. 겨울을 지나 봄이 되는 오리온 별자리는 어느 쪽 하
   늘로 움직였을까?

정답

1.

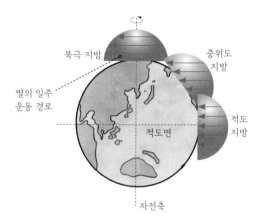

북극 지방

중위도
지방

별의 일주
운동 경로

적도
지방

적도면

자전축

2. 계절에 따라 별자리의 연주 운동 방향은 동쪽에서 서쪽이므로, 봄에 오리온자리는 서쪽 하늘로 이동했다.

3. 달의 모습은 왜 변할까?

동요 〈반달〉에는 달의 위상과 모양, 일주 운동 등이 적혀 있어요. 우선 하얀 쪽배는 상현달로, 은하수 안에 있고 시간이 지나면서 서쪽 하늘로 지고 있다는 내용이에요. 달의 표면에는 과거 화산 활동에 의해 분출된 검은색 현무암으로 이루어진 바다가 있는데, 진짜 물은 없어요. 상상력을 이용해서 달의 표면을 보면 계수나무 아래서 방아를 찧는 토끼도 볼 수 있죠.

밤하늘에는 스스로 빛을 내는 별과 별빛을 반사 시켜 빛을 내는 천체들이 있어요. 샛별이라 불리는 금성은 사실 빛을 낼 수 없는 행성이에요. 금성은 태양 빛을 반사해 마치 스스로 빛을 내는 것처럼 반짝이죠. 태양 다음으로 밝은 달도 역시 스스로 빛을 내지 못하고 태양 빛을 반사 시켜 밝게 보이는 거예요.

그런데 달은 매일 모습을 변화시켜요. 홀쭉했다가 동글해졌다가 또다시 홀쭉해져요. 또 어느 날은 저녁에 잠깐 떠 있다가 얼른 지고, 어느 날은 밤새 하늘에 떠 있고, 어느 날은 새벽에 떠 있어요. 이처럼 변화무쌍한 달에 대해 한번 알아보기로 해요.

태양계 중심에는 태양이 있고 행성들이 태양 주위로 돌아요. 지구는 태양의 세 번째 행성인데, 행성 주위를 도는 별들을 위성이라고 해요. 달은 지구의 유일한 위성이에요. 달은 구형이고 태양을 바라보는 쪽은 밝고 뒤쪽은 어두워요.

 달이 태양 빛을 받아 빛나기 때문에, 달을 볼 수 있는 사람은 지구에 살고 있는 거예요. 또한, 달빛은 태양 빛을 반사하는 빛이기 때문에 태양 빛보다 약해요. 그래서 달은 태양이 진 밤에만 볼 수 있어요.

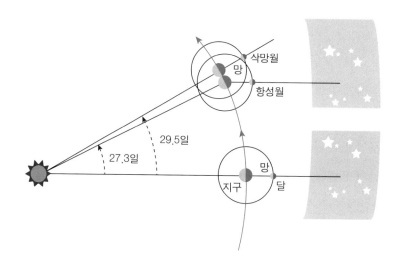

 달이 서쪽에서 동쪽으로 지구 주위를 한 바퀴(360°) 도는 데 약 27.3일이 걸려요. 별을 기준으로 하기 때문에 27.3일을 항성월이라고 해요. 이 날짜는 실제 달의 공전 주기예요.

 그러나 지구의 관측자가 달의 모양, 즉 위상 변화를 기준으로 본 달의 공전 주기는 약 한 달(29.5일)이에요. 이를 삭망월이라고 하고, 우리가 알고 있는 한 달의 기준이 돼요. 주로 음력 날짜에 해당하죠.

 달의 위상 변화는 달이 공전하면서 태양과 지구와 달의 상대적 위치가 달라지면서 지구에서 보이는 달의 밝은 부분이 달라지기 때문에 생기는 거예요. 그런데 달이 지구 주위를 공전하는 동안 지구 역시 태양 주위를 하루에 1°씩 공전하기 때문에 태양과 지구와 달의 상대적 위치가 달라져요. 이때문에 항성월과 삭망월의 차이가 생겼어요.

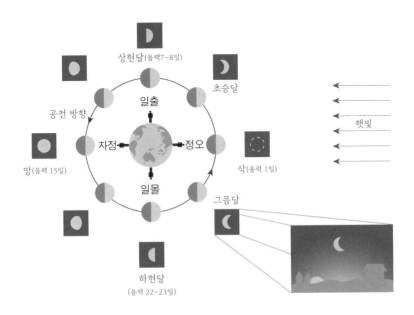

달이 태양과 같은 방향에 위치할 때는 지구의 관측자가 달의 뒤쪽, 즉 태양 빛이 도달하지 않는 부분을 보게 되므로 달을 볼 수 없어요. 이때를 삭이라고 하고, 음력으로 1일이 돼요. 달이 태양 반대편에 위치할 때는 달이 태양 빛을 반사하는 모든 부분을 지구의 관측자가 보게 되므로 보름달 모양의 달을 볼 수 있어요. 이때를 망이라 하고, 음력으로 15일 됩니다.

삭에서 망으로 가는 시기에 있는 오른쪽으로 볼록한 반달은 상현이라고 하고, 음력 7~8일이에요. 또 망에서 삭으로 가는 시기에 있는 왼쪽으로 볼록한 반달은 하현이라고 하고, 음력 22~23일이 돼요.

삭에서 상현으로 가는 시기에 보이는 얇은 눈썹 모양의 달을 초승달이라고 하는데, 주로 초저녁 서쪽 하늘에서만 볼 수 있어요. 하현에서 삭으로 가는 시기에 보이는 얇은 눈썹 모양의 달은 그믐달이라고 해요. 그믐달은 주로 새벽녘 동쪽 하늘에서만 볼 수 있어요. 이렇게 달의 모양이 달리 보이는 이유는 달이 지구를 공전하기 때문에 달의 위상이 달라져서 생기는 현상 때문이에요.

태양과 달과 관련된 천문 현상은 과거에도 많이 있었고 이를 이용하여 자신들의 목적을 달성하기 위한 수단으로 사용된 경우가 많았어요. 과거 주술사나 예언가들이 하늘의 뜻을 거역하면 하늘이 노해서 태양이나 달을 없앤다고 말하면서 사람들에게 겁을 주는 장면을 드라마에서 본 적 있죠? 이들은 천체의 운동에 대해 미리 알고 있었던 게 분명해요.

하늘을 숭상했던 사람들을 개기 일식이나 개기 월식을 이용하여 속이는 일은 성공적이었을 거예요. 하지만 지금도 성공할 수 있을까요? 다행히 지금도 완전히 정확하지는 않지만 개기 일식이나 개기 월식이 태양과 지구와 달의 위치 관계로 일어나는 자연스러운 천문 현상이라는 것을 알기에 속는 사람은 없을 거예요. 이번엔 이 일식과 월식에 대해 좀 더 자세하게 알아볼까요?

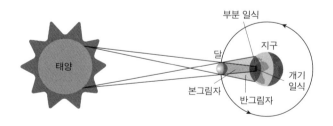

달이 지구 주위를 공전하면서 태양을 가리는 현상을 일식이라고 해요. 일식은 주로 달이 음력 1일에 해당하는 삭의 위치에 있는 낮일 때 일어나요. 태양-달-지구 순서로 나란히 위치하게 되면 지구 관측자는 달 때문에 태양이 가려지게 되죠. 하지만 지구에 있는 모든 사람이 일식 현상을 볼 수 있는 것은 아니에요.

달의 본그림자가 생기는 지역에서만 개기 일식을 볼 수 있고, 반그림자가 생기는 지역에서는 부분 일식을 볼 수 있겠죠. 나머지 그림자가 생기지 않는 지역은 일식 현상이 나타나지 않게 돼요. 주로 저위도와 중위도 지역에서는 일어나겠지만, 극지방에서는 일어나기 힘들어 보이죠?

달은 타원 궤도로 지구를 공전하기 때문에 지구와 거리가 가까운 근지점, 거리가 먼 원지점이 있어요. 일반적으로 개기 일식 때는 달이 근지점에 위치해 있어서 지구에서 보면 태양을 완전히 가려요. 그러나 달이 원지점에 있는 경우에는 지구에서 보면 달의 크기는 작아 태양을 완전히 가리지 못하고 금반지 모양으로 태양의 겉 테두리를 남겨놓게 되지요. 이를 금환 일식이라고 해요.

개기 일식   부분 일식   금환 일식

달이 지구 주위를 공전할 때 지구 그림자 속으로 달이 들어가서 달이 가려지는 현상을 월식이라고 해요. 월식은 주로 밤에 달이 음력 15일에 해당하는 망의 위치에 있을 때 일어나요. 태양-지구-달 순서로 나란히 위치하게 되며, 달이 지구 그림자 속으로 들어가게 되면서 태양 빛을 반사하지 못하게 돼요.

지구 그림자 속으로 들어가면 태양 빛을 반사하지 못하는 부분들만 어두워지기 시작하겠죠? 그래서 지구 뒤에도 본그림자와 반그림자가 생기는데, 지구상의 어떤 지역에서는 달이 지구의 반그림자 속에 들어가도 완전히 사라지지 않고 그대로 보여요. 빛의 양이 줄어들어 아주 살짝 어두운 보름달로 큰 차이가 없어 보일 수도 있죠. 이를 반영식이라고 해요.

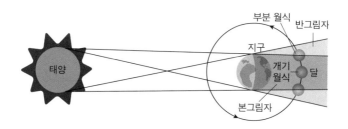

달이 본그림자에 걸쳐 있을 때는 부분 월식이라고 해요. 달이 지구의 본그림자 속으로 완전히 들어가게 되면 개기 월식이에요. 개기 월식이라고 달이 완전히 사라지지는 않아요. 달 전체가 어두워지면서 붉은 보름달로 보이게 되는데, 영화 속에 나오는 핏빛으로 물든 달이 개기 월식 때 달의 모습이에요.

이것만은 알아 두세요

1. 달의 공전 주기는 항성월 27.3일과 삭망월 29.5일이 있으며, 항성월과 삭망월이 차이가 나는 이유는 달이 지구 주위를 공전하는 동안 지구도 태양 주위를 공전하기 때문이다.

2. 일식은 태양–달–지구 순서로 나란히 위치할 때 달에 의해 태양이 가려지는 현상이다.

3. 월식은 태양–지구–달 순서로 나란히 위치할 때 지구 그림자 속으로 달이 들어가서 달이 가려지는 현상이다.

풀어 볼까? 문제!

1. 다음은 일식과 월식이 일어나는 과정을 나타낸 그림이다.

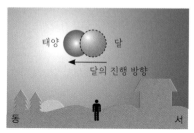 

개기 일식 때는 태양의 어느 쪽부터 가려질까? 또, 개기 월식 때는 달의 어느 쪽부터 가려질까?

2. 다음 그림은 일식과 월식이 매달 일어나지 않는 이유를 나타낸 것인데, 그 이유에 대해 설명해 보자.

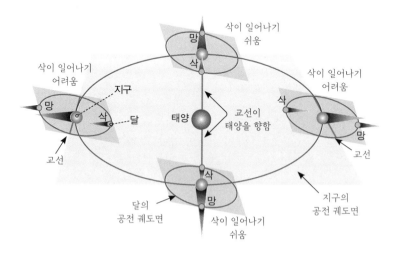

정답

---

1. 개기 일식 때는 태양의 서쪽(오른쪽)부터 가려지고, 개기 월식 때는 달의 동쪽 (왼쪽)부터 가려진다.

2. 지구의 공전 궤도와 달의 공전 궤도가 약 5° 정도 기울어져 있어서 태양, 지구, 달이 같은 평면 위에 놓이는 경우가 거의 없고, 지구의 공전 궤도와 달의 공전 궤도가 교차하는 부근에서 삭과 망이 되는 경우에만 일식과 월식이 일어나기 때문이다.

4. 태양계 식구들

　태양계에서 우리가 살고 있는 지구는 몇째일까요? 거리로 따지면 지구는 태양으로부터 세 번째로 가까이 위치한 행성이죠. 그럼 태양계의 8개의 행성 중에서 첫째는 어떤 기준으로 정하면 될까요? 태어난 순서? 크기? 아니면 태양과의 거리?

　태양에서 멀수록 온도가 낮아 가벼운 가스들이 많이 남아있게 되고 빨리 형성되기 때문에, 지름이 크고 밀도가 낮은 목성형 행성들이 먼저 생성되었어요. 그래서 가장 먼저 만들어진 행성은 목성이에요. 만들어진 순서로 따지면 목성이 첫째가 되겠네요. 지금부터 태양계 행성들에 대해 자세히 알아보고 누가 첫째가 되면 좋을지 생각해봐요.

　2006년 국제천문연맹은 행성에 대한 정의를 다시 발표했어요. 행성은 별 주위를 정해진 궤도를 따라 돌고, 구형을 유지할 만한 크기와 중력을 갖고, 궤도 주변의 다른 천체로부터 지배권이 있어야 해요. 이 요건을 모두 만족하는 태양계의 행성은 수성, 금성, 지구, 화성, 목성, 토성, 천왕성, 해왕성으로 모두 8개이고, 원래 태양계에 속한 걸로 분류했던 명왕성은 세레스와 함께 왜행성으로 재분류됐어요.

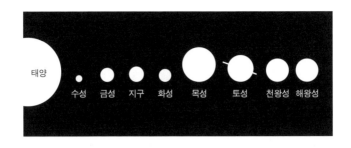

태양계 행성은 지구의 공전 궤도를 기준으로 내행성과 외행성으로 구분해요. 내행성은 지구보다 안쪽에서 태양 주위를 돌고 있는 행성으로, 수성과 금성이 있어요. 외행성은 지구보다 바깥쪽에서 돌고 있는 행성으로, 화성, 목성, 토성, 천왕성, 해왕성이 있어요.

태양계 행성은 물리적 특징에 따라 지구형 행성과 목성형 행성으로 구분할 수 있어요. 지구와 물리적 특징(지름, 질량, 평균 밀도, 위성 수, 표면 상태, 고리의 유무 등)이 비슷한 행성을 지구형 행성이라고 하고, 목성과 물리적 특징이 비슷한 행성을 목성형 행성이라고 해요.

지구형 행성으로는 수성, 금성, 지구, 화성이 있어요. 이들은 지름과 질량이 작고, 표면이 단단한 암석으로 이루어져 있어 평균 밀도가 커요. 위성은 없거나 그 수가 적고, 고리는 없어요.

목성형 행성은 목성, 토성, 천왕성, 해왕성이에요. 지름과 질량이 크고, 단단한 표면이 없으며, 두꺼운 기체로 이루어져 있어 평균 밀도가 작아요. 위성 수가 많고, 고리가 있어요. 수소와 헬륨으로 이루어진 목성과 토성은 거대한 가스 행성이라고 부르고, 천왕성과 해왕성은 거대한 얼음 행성이라고 불러요.

수성은 태양으로부터 가장 가까이 있는 행성이에요. 강력한 태양풍과 작은 중력으로 인해 대기가 없으며, 표면에는 운석 구덩이가 있어 달처럼 울퉁불퉁해요. 낮에는 태양 빛을 받아 온도가 400℃까지 올라가고, 밤에는 –200℃까지 내려가 일교차가 매우 크지요.

수성의 영어 이름은 머큐리(Mercury)로 그리스 신화에 나오는 전령의 신 헤르메스에서 유래됐어요. 헤르메스는 소식을 가장 빨리 전해주는 신으로, 수성의 빠른 공전 속도와 관련이 있어요. 지구의 공전 속도는 약 30km/s인데 반해, 수성은 태양의 인력으로 인해 약 48km/s로의 빠른 속도로 태양을 공전해요. 공전하는 데 걸리는 시간은 약 88일이에요.

수성은 탐사가 가장 어려운 행성이에요. 지금까지 수성을 탐사한 우주선은 매리너 10호와 메신저호 단 두 대뿐이고, 2018년에 발사한 세 번째 수성 탐사선인 베피콜롬보가 수성을 향해 가고 있어요. 실제 지구와 수성과의 거리는 다른 행성에 비해 가까운 편이지만 태양의 강한 중력을 피해 수성 궤도에 접근하기 위해서는 돌고 돌아야 하기 때문에 7년이 걸려요.

베피콜롬보는 2025년 무렵 수성 궤도에 진입해 임무를 수행하게 됩니다.

달(왼쪽)과 수성(오른쪽)의 크기 비교

금성은 두꺼운 이산화탄소의 대기로 인해 기압이 지구의 약 90배이고 그로 인한 온실효과가 커요. 금성의 평균 온도는 수성보다도 높은 약 470℃예요. 높은 온도로 금성의 표면은 용암이 가득하고 황산비가 내리는 척박한 환경이죠.

그럼에도 지구에서는 가장 밝게 반짝이는 아름다운 별이라고 생각해요. 금성의 영어 이름은 비너스(Venus)로 그리스 신화에 나오는 미와 사랑의 여신인 아프로디테에서 유래됐어요. 금성의 가장 특이한 점은 다른 행성들과 다르게 자전 방향이 동쪽에서 서쪽으로, 즉 시계 방향으로 돈다는 거예요. 금성에서는 해가 서쪽에서 뜨겠죠? 게다가 자전 주기가 약 243일로 공전 주기인 225일보다 더 길어요.

지구는 태양계의 행성 중 유일하게 액체 상태의 물이 있어서 생명체가 살 수 있는 행성이에요. 지구 표면의 70%가 바닷물로 덮여 있어 푸른 행성으로 보이죠.

화성은 산화철 성분이 많은 토양 때문에 표면이 붉게 보이고, 희박한 이산화탄소의 대기를 갖고 있어요. 붉게 보여서 화성의 영어 이름은 마르스 (Mars)예요. 그리스 신화에 나오는 전쟁의 신인 아레스와 관련 있죠.

화성의 질량은 지구 질량의 약 1/10 정도이고, 자전 주기는 24시간 37분으로 지구의 하루보다 약간 길어요. 자전축이 25°가량 기울어져 있어 지구처럼 계절 변화가 뚜렷합니다. 화성의 양극에는 드라이아이스와 얼음으로 된 극관이 있는데 겨울철에는 크기가 커지고 여름철에는 작아져요.

화성 표면에는 거대한 산과 계곡을 발견할 수 있는데, 태양계에서 가장 높은 화산인 올림푸스 화산이 있어요. 높이가 약 26km로, 지구의 에베레스트산보다 약 3배가량 높아요. 매리너리스 협곡은 미국 그랜드캐니언의 약 5배 이상으로 규모가 크죠. 협곡은 과거에 물이 흐르면서 만들어진 지형을 말하는데, 만약 물이 있었다면 생명체도 살지 않았을까요? 화성 탐사에 많은 관심과 노력을 기울이는 이유예요.

금성(왼쪽), 지구(가운데), 화성(오른쪽) 크기 비교

목성은 주로 수소와 헬륨으로 이루어져 있는 가스 행성으로, 지구 질량의 약 318배예요. 이 질량은 태양계 모든 행성의 질량을 합한 것의 2배로, 가장 큰 행성이에요. 목성의 영어 이름은 주피터(Jupiter)로, 그리스 신화의

최고신인 제우스와 관련 있어요.

밀도는 아주 낮아 지구의 1/4도 안되지만, 내부의 큰 압력으로 중심엔 수소가 금속 상태로 있어요. 목성이 가스 행성이라 탐사선이 중심을 뚫고 통과할 수 있을 거란 생각은 하지 않아야겠죠? 목성은 크기가 크지만 자전 속도가 빨라, 표면에 나란한 줄무늬가 있고 표면에는 대기의 소용돌이인 대적반이 있어요. 아주 희미해서 잘 보이지 않지만 고리도 있어요.

목성과 지구의 크기 비교

갈릴레이가 망원경으로 처음 발견한 목성의 위성 4개를 갈릴레이 위성이라고 불러요. 가까운 순서대로 이오, 유로파, 가니메데, 칼리스토라고 불러요. 이오에서는 활발한 화산 활동이 일어나고 있고, 유로파에는 두꺼운 얼음층 아래 바다가 있어 혹시 생명체가 존재하지 않을까하는 가능성을 갖고 있어요.

토성은 수소와 헬륨으로 이루어져 있는 가스 행성으로, 얼음과 암석 알갱이로 이루어진 크고 뚜렷한 고리가 가지고 있어 가장 유명하고 많은 사랑을 받는 행성이에요. 토성의 고리는 갈릴레이가 처음 발견했는데, 당시 망원경 성능이 좋지 않아 갈릴레이는 토성에 귀가 있다고 기록했어요.

그 후 토성의 고리는 하나가 아니라 여러 개의 고리로 구성되어 있고, 고리와 고리 사이에 간극이 있다는 것도 알아냈어요. 이를 카시니 간극이라고 불러요. 토성의 영어 이름은 새턴(Saturn)으로 그리스 신화의 크로노스와 관련 있어요.

토성은 목성에 이어 태양계에서 두 번째로 큰 행성이지만 밀도는 물보다 낮은 0.7g/cm³로 태양계 행성 중 가장 낮아요. 토성에는 지구 자기장과 비슷한 자기장이 있고, 자전축과 자기장 축이 일치하여 양쪽 극지방에 지구와 비슷하게 오로라가 발생하죠.

토성의 오로라

천왕성은 주로 수소, 헬륨, 메테인 등 가스 성분으로 이루어져 있어요. 태양으로부터 멀리 떨어져 있어 표면 온도가 매우 낮기 때문에 얼음 행성이라고도 불려요. 천왕성은 망원경을 통해 발견한 최초의 행성으로,

1781년 허셜에 의해 발견됐어요.

천왕성의 적도면은 궤도면과 98° 가량 경사를 이루고 있어 공전에 수직 방향으로 자전하고 있어요. 따라서 적도면에 있는 희미한 고리를 원형으로 볼 수 있어요. 천왕성의 영어 이름인 우라노스(Uranus)는 제우스의 할아버지인 하늘의 신에서 유래했어요.

천왕성 고리

해왕성은 태양계 행성 중 가장 바깥쪽에 위치한 행성으로 주로 수소, 헬륨, 메테인 등으로 이루어진 얼음 행성이에요. 태양으로부터 가장 멀리 떨어져 있어서 해왕성의 1년은 지구의 164배나 길어요. 희미한 고리와 대흑점이 있어요.

해왕성의 영어 이름인 넵튠(Neptune)은 바다색과 같은 푸른색을 띤 바다의 신의 이름에서 유래되었어요. 우리말로는 바다왕의 별이라는 뜻에서 해왕성이라 불러요.

그리스 신화에 나오는 포세이돈의 아들 이름을 딴 트리톤은 해왕성 위성 중 가장 큰 위성으로, 1846년 러셀이 발견했어요. 목성의 이오와 토성의 타이탄과 함께 대기를 가진 위성 중 하나예요.

해왕성과 지구의 크기 비교

왜소행성은 2006년 국제천문연맹 총회에서 명왕성을 행성 목록에서 제외시키면서 새롭게 정의된 명칭이에요. 행성 같아 보이나 행성보다 작은 태양계 천체로, 플루토(명왕성)와 세레스, 에리스, 하우메아, 마케마케 등이 왜소행성으로 분류되었어요.

풀어 볼까? 문제!

1. 태양계 행성 중 지구형 행성과 비교한 목성형 행성의 특징을 지름과 밀도, 위성의 수, 고리의 유무를 기준으로 설명해 보자.

2. 다음 그림은 태양계 행성의 공전 궤도를 나타낸 것이다.

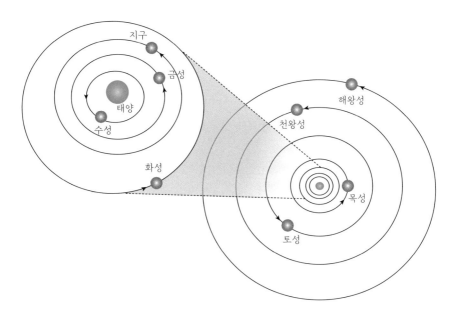

내행성과 외행성으로 구분하고, 공전 주기를 비교해 보자.

정답

---

1. 지구형 행성은 목성형 행성보다 지름이 작고 밀도는 크다. 지구형 행성에는 위성이 없거나 1~2개를 갖고 있으며 고리는 없다. 목성형 행성은 많은 위성을 갖고 있으며 고리도 있다.

2. 내행성은 지구 공전 궤도 안쪽에서 공전하는 수성과 금성이며, 공전 주기는 지구보다 짧다. 외행성은 지구 공전 궤도 바깥쪽에서 공전하는 화성, 목성, 토성, 천왕성, 해왕성이며, 공전 주기는 지구보다 길다.

5. 태양이라 불리는 별

중국 한나라 벽화, 고구려 고분 벽화, 북한의 국보 문화재인 '해뚫음무늬 금동장식'에서는 공통적으로 삼족오의 그림을 발견할 수 있어요. 삼족오는 세 발 달린 까마귀로, 태양 속에 살고 있다는 전설의 새라고 알려져 있죠. 태양을 배경으로 서 있으면 모든 물체가 검게 보이기 때문에, 태양을 상징하는 둥근 원 안에 검은색으로 그려요.

이번엔 인터넷에서 태양 사진을 한번 찾아봐요. 표면에 마치 검은 점들이 콕콕 박히듯 있는 걸 볼 수 있어요. 태양 표면의 검은 점들은 진짜 태양 속에 살고 있다는 전설의 새 삼족오일까요? 삼족오가 살고 있다고 전해지는 태양에 대해 자세히 알아봐요.

한적한 시골에서 밤하늘을 올려다보면 무수히 많은 별이 반짝거려요. 무수히 많은 별 중에 지구와 가장 가까운 별은 어떤 별일까요? 정답은 태양이에요. 별은 스스로 빛을 낼 수 있는 천체를 말하는데, 항성이라고 불러요. 태양은 지구와 가장 가까이 있는 별이에요.

태양계 전체 질량의 99.85%를 태양이 차지할 정도로 태양의 크기와 질량은 커요. 태양의 지름과 질량은 지구 지름의 약 109배, 지구 질량의 약

33만 배에 해당해요. 태양은 수소와 헬륨으로 이루어진 거대한 가스 덩어리로 평균 밀도는 $1.41g/cm^3$, 표면 온도는 약 5,800K 정도로 매우 뜨겁습니다. 이 때문에 수소와 헬륨은 플라즈마(plasma) 상태로 존재해요.

플라즈마는 쉽게 말해서 수소 원자가 이온화되어 양이온과 전자로 쪼개진 상태로 양이온과 전자의 밀도가 같게 이온화된 상태의 기체를 말해요. 고체, 액체, 기체에 이은 물질의 제4상태라고 해요. 예를 들어 촛불의 불꽃 속의 일부, 번개, 형광등, 로켓추진 불꽃, 태양에서는 기체 상태가 아닌 플라즈마 상태를 유지하고 있어요.

태양의 중심핵에서는 수소 핵융합반응이 일어나고 있어요. 수소 원자 4개가 융합되어 헬륨 원자 1개로 만들어지면서 엄청난 빛과 열 에너지를 방출하고, 이 에너지는 지구에 사는 모든 생명체가 살아가는 데 필요한 에너지의 원동력이 되지요.

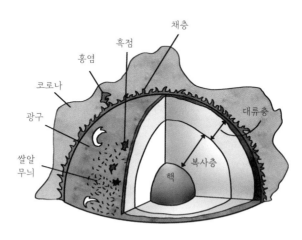

태양의 내부 구조

태양의 내부 구조는 핵, 복사층, 대류층으로 구분해요. 핵에서는 수소 핵융합반응으로 에너지를 만들어요. 복사층은 핵에서 만들어진 에너지를 복사의 형태로 바깥쪽인 대류층으로 전달하는 층이에요.

대류층은 태양 표면에서 20만km 깊이에 이르는 태양 바깥층으로, 태양 플라즈마의 밀도와 온도가 낮아져서 복사를 통해 에너지를 전달하는 것이 어려워 열대류가 발생하는 층이에요. 대류층에서는 뜨거운 물질이 상승하고, 이 물질이 표면에서 식으면 하강하면서 태양 표면에 쌀알 무늬를 만들어요.

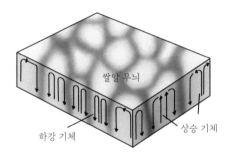

태양의 외부 구조는 태양 표면과 대기로 구성되어 있어요. 지구에서 관측되는 태양의 표면을 광구라고 하는데, 광구는 약 100km 두께의 가스로 이루어졌어요. 광구에서는 쌀알 무늬, 백반, 흑점 등을 관측할 수 있습니다.

흑점은 주변보다 온도가 낮아서 검게 보이는 거예요. 옛날 사람들은 태양 표면에 있는 흑점을 보고 삼족오가 태양 속에 살고 있다고 믿었던 게 아닐까 생각해요. 실제로 흑점의 온도는 약 4,000K 정도의 고온으로, 매우 밝은 빛을 내지만 주변의 온도가 더 높아 상대적으로 어둡게 관측이 돼요. 하지만 흑점 하나를 떼어 밤하늘에 갖다 놓으면 달보다도 훨씬 밝을 거예요.

지구에 지표면이 있고 그 위에 대기층이 있는 것처럼, 태양 표면인 광구 위에도 대기층이 있어요. 광구 위에 있는 대기층을 채층이라고 해요. 채층은 온도가 6,000~10,000K로 불규칙한 층으로 붉은빛을 방출하는데, 개기 일식 때면 홍염을 통해 확인할 수 있어요.

채층

채층 위로 퍼져 있는 희박한 대기층은 코로나라고 해요. 코로나는 온도가 100만K로 평소에는 광구가 너무 밝아서 볼 수 없으며, 개기 일식 때 광구가 완전히 가려지면 볼 수 있답니다.

태양의 대기층에는 홍염과 플레어 현상이 일어나기도 해요. 홍염은 고온의 가스가 채층을 뚫고 수십만km까지 솟아오르는 현상이고, 플레어는 흑점 주변에서 때때로 수분 정도의 짧은 시간 동안 막대한 에너지를 폭발적으로 방출하는 현상을 말해요.

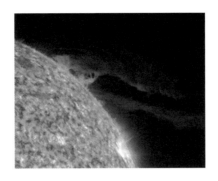

홍염

　태양은 계속해서 수소 핵융합반응을 하고 막대한 에너지를 방출하면서 활동하고 있어요. 태양의 활동이 활발해질 때 어떤 특별한 현상들이 일어날까요?

　태양 표면을 관측하다 보면 흑점의 수가 많았다가 적어지다 아예 없어질 때도 있어요. 흑점의 수가 많이 관측될 때면 채층에서는 홍염이나 플레어 현상이 자주 발생하면서 에너지를 폭발적으로 방출해요. 그러면 코로나의 크기도 최대로 커지게 돼요.

　또한, 흑점 주변에서 플레어 현상이 많아지면 전하를 띤 입자들의 흐름인 태양풍이 강해져 지구에 큰 영향을 끼치게 됩니다. 태양풍은 태양에서 불어오는 바람이라고 할 수 있는데, 중요한 건 이 태양풍에 양성자와 전자 등이 포함되어 있으며 태양의 질량이 방출된다는 사실이에요.

　태양풍이 강하면 지구의 자기장을 불규칙하게 흔드는 자기 폭풍을 발생시키고, 무선 통신이 끊기는 델린저 현상을 일으켜요. 또 인공위성을 고장 내거나 오로라 현상이 평소보다 더 자주 큰 규모로 발생시켜요.

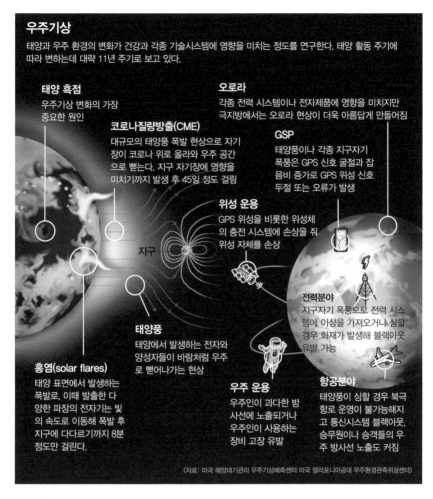

우주기상

태양과 우주 환경의 변화가 건강과 각종 기술시스템에 영향을 미치는 정도를 연구한다. 태양 활동 주기에 따라 변하는데 대략 11년 주기로 보고 있다.

태양 흑점
우주기상 변화의 가장 중요한 원인

코로나질량방출(CME)
대규모의 태양풍 폭발 현상으로 자기장이 코로나 위로 올라와 우주 공간으로 뻗는다. 지구 자기장에 영향을 미치기까지 발생 후 45일 정도 걸림

오로라
각종 전력 시스템이나 전자제품에 영향을 미치지만 극지방에서는 오로라 현상이 더욱 아름답게 만들어짐

GSP
태양풍이나 각종 지구자기 폭풍은 GPS 신호 굴절과 잡음비 증가로 GPS 위성 신호 두절 또는 오류가 발생

위성 운용
GPS 위성을 비롯한 위성체의 충전 시스템에 손상을 줘 위성 자체를 손상

지구

태양풍
태양에서 발생하는 전자와 양성자들이 바람처럼 우주로 뻗어나가는 현상

홍염(solar flares)
태양 표면에서 발생하는 폭발로, 이때 발출한 다양한 파장의 전자기는 빛의 속도로 이동해 폭발 후 지구에 다다르기까지 8분 정도만 걸린다.

우주 운용
우주인이 과다한 방사선에 노출되거나 우주인이 사용하는 장비 고장 유발

전력분야
지구자기 폭풍으로 전력 시스템에 이상을 가져오거나 심할 경우 화재가 발생해 블랙아웃 유발 가능

항공분야
태양풍이 심할 경우 북극 항로 운영이 불가능해지고 통신시스템 블랙아웃, 승무원이나 승객들의 우주 방사선 노출도 커짐

〈자료: 미국 해양대기관리 우주기상예측센터 미국 캘리포니아공대 우주환경관측위성센터〉

우주기상이 지구에 미치는 영향

　이 모든 현상은 태양의 활동이 활발해지면 일어나는 연쇄 반응으로, 우리는 태양의 흑점 수를 보고 이런 현상들을 예측할 수 있어요. 관측 기록에 의하면 흑점 수는 11년을 주기로 증가와 감소를 반복하기 때문에 이를 통해 태양 활동 주기를 예측할 수도 있죠.

지구를 하나의 커다란 자석으로 봤을 때, 지구의 자기장은 태양풍으로부터 지구를 보호하는 역할을 하고 있어요. 그런데 지구의 양쪽 극지역에서는 지구 자기력선이 지구의 지표면에 연결되어 있기 때문에, 태양풍을 구성하는 전하를 띤 입자들이 지구 자기력선을 따라 양쪽 극지역으로 들어올 수 있어요. 이렇게 지구 대기로 들어온 태양풍 입자들이 지구 대기와 반응하여 내는 빛이 오로라예요. 그렇다면 오로라를 보기 위한 여행을 떠나기에 좋은 시기를 흑점 수의 주기로 알 수도 있겠죠?

이것만은 알아 두세요

1. 태양은 중심핵에서 수소 핵융합반응을 통해 빛에너지를 방출하는 항성이다.

2. 태양의 광구에서는 쌀알 무늬와 흑점을 볼 수 있다.

3. 흑점의 개수는 11년을 주기로 증감하며, 태양 활동이 활발할 때 흑점의 수도 증가한다.

풀어 볼까? 문제!

1. 태양의 활동이 활발할 때 태양에서 나타나는 현상을 3가지 적어 보세요.

2. 오로라를 보려면 언제 어디로 떠나야 오로라를 볼 수 있을지 조사해 보세요.

정답

1. 흑점의 수가 증가한다. 코로나의 크기가 커진다. 홍염이나 플레어가 많아진다.

2. 오로라를 보려면 위도 70° 이상의 고위도 지역으로 가야 한다. 북유럽 국가나 캐나다 옐로나이프는 세계 최적의 오로라 관측 장소이다. 오로라는 태양의 활동이 활발할 때 태양에서 날아오는 입자들이 지구 대기권과 부딪쳐 발생하므로, 태양이 활발하게 활동하는 시기로 태양의 흑점 수가 많을 때 떠나면 오로라를 더 잘 볼 수 있다.

바닷물은 왜 짜?

 지권인

ㅋㅋㅋ
소금이 들어 있으니 짜지!

왜 소금이 들어 있는데?

 지권인

그건 말이지…
소금이 녹아 있으니까.

 하늘인

바닷물이 짠 이유는 아주아주 옛날에
소금이 나오는 맷돌이
바다에 빠져서 그래.

진짜? 어떻게 그런 일이…
그럼 얼른 맷돌을 꺼내자!

 하늘인

왜? 그냥 놔둬

아프리카에 마실 수 있는 물이
부족하다잖아

하늘인

바닷물은 못 마셔?

 해양인

당연하지!

맷돌을 꺼내자~

 하늘인

그래그래. 맷돌 꺼내자!

 해양인

와~ 너희들 정말 맷돌에서 소금이 나와서
바닷물이 짠 걸로 아는 거야?ㅠㅠ

일단 난 잘 몰라
그럼 지권인이 지권에 대해 알려줬으니까
해양인이 수권에 대해 알려줘~

 해양인

그래, 이번엔 내가 수권에 대해 알려줄게.
나만 믿어^^

1. 소중한 자원, 물

약 46억 년 전 지구가 형성되는 과정에서 수많은 화산이 폭발했어요. 화산 폭발로 원시 대기에는 수증기가 가득 찼지요. 점차 시간이 흐르면서 지구의 온도는 낮아지고, 수증기는 응결하여 비가 내리기 시작했어요. 오랫동안 내린 비로 지각은 변화했고, 그때 고인 빗물이 원시 바다가 되었어요.

물은 생명 탄생의 근원지이며, 식물의 광합성에도 필요합니다. 지구는 물의 순환으로 생명체가 살아가기에 딱 좋은 온도를 유지 시켜요. 세계 4대 문명 발생지가 모두 물과 가까운 곳에서 시작된 것도 우연이 아니에요. 물은 동식물의 생존에 꼭 필요한 조건 중 하나이기 때문이죠. 우리나라 서울도 한강을 끼고 발전하고 있어요.

이렇게 소중한 물은 온도에 따라 기체, 액체, 고체의 형태로 존재해요. 기체 상태의 물은 눈에 보이지 않을 뿐 우리 주위의 공기 속에 항상 수증기로 있다가 환경 조건에 따라 비 또는 눈이 되어 내려요. 액체 상태의 물은 바다, 강, 호수에 모여 있어 생명 탄생과 삶을 유지하는 데 가장 큰 역할을 해요. 고체 상태의 물인 빙하는 주로 극지방이나 산 정상에 존재해요.

물은 우리 몸을 구성하고 끊임없이 돌아다니면서 건강하게 살아갈 수 있게 해요. 몸 안에 물이 부족하면 생명을 유지하는 데 문제가 발생해요. 우리는 물 없이는 살아갈 수 없어요. 이렇게 소중한 물에 대해 알아봐요.

우리가 사는 지구를 푸른 행성이라고 부르는데, 지구 표면의 약 70%가 물로 덮여 있어 푸르게 보이기 때문이에요. 지구에서 물이 분포하는 영역을 수권이라 해요. 수권의 약 97.5%는 바닷물인 해수가 차지하고, 2.5%는 담수가 차지해요. 담수는 소금기가 거의 없는 물을 말하는데, 담수로는 빙하, 지하수, 호수와 하천수 등이 있어요.

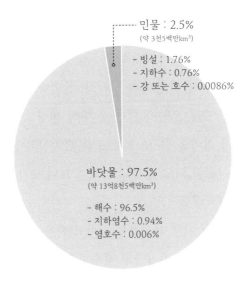

담수의 약 70%를 차지하는 빙하는 물이 언 상태로, 주로 극지방이나 고산 지대에 있어요. 최근 지구 온난화의 영향으로 남극 대륙과 그린란드의 빙하가 녹으면서 해수면 상승과 해류의 변화 등이 일어나 이상 기후 변화를 가져오고 있어요.

담수의 약 30%를 차지하는 지하수는 지표에 내린 빗물이 땅속에 스며

들어 기반암과 토양 속의 공간에 들어 있어요. 여기에서 바다로 흘러가는 데, 일부 지하수가 지표 밖으로 나오는 경우가 약수예요. 지하수에는 미네랄 성분이 많이 녹아 있어 특유의 맛과 냄새가 있죠. 철분이 많은 약수는 주변 암석이 붉게 물들어 있으며, 비린 맛을 느낄 수 있어요.

담수의 대부분이 고체 상태인 빙하와 지표 아래를 흐르는 지하수이기 때문에 우리가 비교적 쉽게 사용할 수 있는 물은 호수나 하천수예요. 호수와 하천수의 양은 담수의 0.4%, 전체 수권의 0.0086%밖에 되지 않는 매우 적은 양이에요.

우리가 일상생활에서 먹거나 씻는 데 사용하는 생활용수, 농작물 재배에 필요한 농업용수, 공장에서 사용하는 공업용수에 사용되는 물을 수자원이라고 해요. 그러나 인구 증가와 도시화, 산업화로 인해 물의 소비가 급격하게 증가했고, 수질 오염에 의한 물 부족 현상도 나타나고 있어요. 최근엔 기후 변화가 지역별 수자원의 분포를 변화시켜 물 부족 지역이 점점 넓어지고 있는 상황이 되고 있어요. 그러다 보니 수자원을 개발하고 보존하는 일이 매우 중요해졌어요.

우리나라도 1인당 물 이용 가능량을 가지고 봤을 때는 물 부족 우려 국가에 해당해요. 1년 동안 우리나라의 강수량은 세계의 연평균 강수량에 비해 많지만, 높은 인구 밀도로 인해 1인당 강수량은 세계 평균 1인당 강수량보다 부족해요. 게다가 연 강수량의 2/3 정도가 여름철에 집중하고, 국토의 70%가 산지여서 하천의 경사가 급하죠. 따라서 물의 대부분이 하천을 따라 빠르게 바다로 흘러 나가요. 이런 이유들로 인해 실제 이용할 수 있는 물의 양은 많지 않게 되는 거죠. 그래서 우리나라는 수자원 확보를 위한 댐 건설, 지하수 활용, 해수 담수화 등에 큰 노력을 기울이고 있어요.

세계 각국에서도 물 부족으로 인해 고통받는 지역이 늘어나고 있어요. 아프리카의 콩고, 케냐, 수단 등은 강수량이 적어 물이 부족한데 수질 오염까지 심각해요. 깨끗한 물을 공급받을 수 없어 오염된 물을 먹고, 이로 인한 수인성 질병으로 많은 사람이 사망한다고 해요. 이를 돕기 위해 개발된 것 중에 라이프 스트로우(life straw)라는 게 있어요. 생명을 살리는 적정 기술인 라이프 스트로우는 필터가 부착된 휴대용 정수기라고 생각하면 돼요. 이 작은 기술이 물 부족으로부터 생명을 살리는 역할을 하고 있어요.

방글라데시에서는 식수로 사용하는 강물과 지하수가 다량의 비소에 오염되어 수많은 사람이 비소중독 위험에 노출되었어요. 비소는 무색무취의 독성물질로 피부 궤양, 피부암 등을 일으켜 심하면 사망에 이르게 해요. 히말라야산맥 주변 지역에서는 비소가 포함된 지하수나 강물이 많으니, 그곳을 여행할 때는 마시는 물에 신경을 써야 해요.

이것만은 알아 두세요

1. 지하수는 우리가 사용할 수 있는 담수의 약 30%를 차지하고 기반암과 토양 속 공간에 분포한다.
2. 빙하는 연평균 기온이 매우 낮은 곳에 존재하면서 아주 천천히 움직이는 얼음덩어리이다.

풀어 볼까? 문제!

1. 지구상의 물은 대부분 어디에 존재할까?

2. 우리나라도 물 부족 지역에 해당된다. 초여름 장마와 태풍 등으로 비가 많이 오는 것 같은데도 왜 물이 부족하다는 건지 설명해 보자.

정답

1. 물의 97.5%가 바다에 존재한다.

2. 우리나라는 70%가 산악 지대로 이루어져 있어 여름철에 비가 많이 와도 바다로 빠져나가는 물의 양이 많다. 이 때문에 실제 수자원으로 사용할 수 있는 물의 양은 적어지고 있다.

2. 해수의 수온과 염분은 어떻게 변할까?

　해수의 온도는 태양 에너지양과 관련 있어요. 지구는 둥글기 때문에 위도마다 받는 태양 에너지양에 차이가 생기는데, 같은 면적에 받는 태양 에너지양은 저위도가 고위도보다 커요. 그래서 해수의 온도는 대체로 위도와 나란한 분포를 보이면서 저위도에서 고위도로 갈수록 낮아져요.

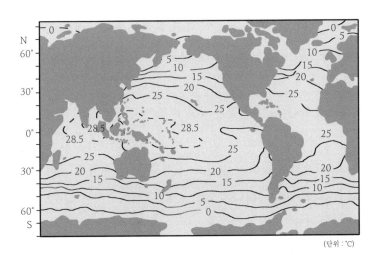

(단위 : ℃)

지구 표면의 70%는 바다, 30%는 육지로 되어 있는데 육지는 주로 북반구에 더 많이 분포되어 있어요. 북반구는 남반구보다 해류의 흐름이 복잡하고 육지에서 흘러나오는 하천수의 영향을 받는 지역이 있어서 해수면의 수온 분포가 북반구와 남반구가 달라요.

해수면에 도달하는 태양 에너지는 수심이 깊어질수록 감소해요. 따라서 해수면은 수온이 높고 수심이 깊은 곳은 수온이 낮아요. 해수는 깊이에 따른 수온 변화 경향에 따라 혼합층, 수온 약층, 심해층으로 구분해요.

혼합층은 해수면 위에서 부는 바람에 의해 해수가 섞이기 때문에 어느 정도 깊이 들어가도 수온이 일정해요. 바람이 세게 부는 곳은 해수가 더 잘 섞여 혼합층의 두께가 두꺼워지죠. 바람의 세기에 의해 혼합층의 두께가 결정돼요.

혼합층 아래에는 수심이 깊어질수록 수온이 급격하게 낮아지는 수온 약층이 있어요. 수온 약층에서는 아래층의 온도가 낮고 밀도가 커요. 아래층은 밀도가 크고 위층은 밀도가 작아 대류 현상이 일어나지 않는 매우 안정된 층이죠. 수온 약층의 이러한 특징 때문에 혼합층과 심해층의 물이 섞이지 않아요.

수온 약층의 아래 수심이 깊은 곳은 태양 에너지가 도달하지 못해 수온이 매우 낮고 일정한 심해층이 있어요. 보통 심해층의 수온은 1~4℃로 매우 낮고, 빛이 거의 도달하지 않아요. 심해층은 전 해역에 걸쳐 존재하고, 혼합층과 수온 약층이 나타나지 않는 고위도 지역에서는 해수면에서부터 심해층이 나타나요.

위도에 따라 혼합층, 수온 약층, 심해층의 분포가 달라요. 저위도이면서 바람이 약하게 불면 혼합층의 두께는 얇지만, 수온 약층은 매우 안정적으로 잘 발달해요. 중위도에서 바람이 강하게 부는 지역에서 혼합층의 두께가 두꺼워요.

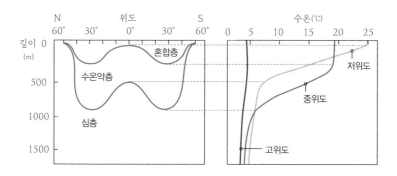

해수의 가장 큰 특징 중 하나는 짠맛이 난다는 것입니다. 해수에는 많은 물질이 녹아 있는데, 이를 염류라고 해요. 염류 중에 가장 많은 양을 차지하는 것이 바로 짠맛을 내는 염화 나트륨이에요. 그 밖에 쓴맛을 내는 염화 마그네슘, 황산 마그네슘 등이 있어요. 이 때문에 바닷물을 먹어 보면 짠맛과 쓴맛이 함께 나요.

해수 1,000g에 녹아 있는 염류의 양을 g 단위로 나타낸 것을 염분이라고 하고, 단위는 psu(practical salinity unit) 또는 ‰(퍼밀)을 사용해요. 전 세계 해수의 평균 염분은 약 35psu예요.

해수 1kg = 물 965g + 염류 35g

우리나라 동해는 35.5psu, 남해는 34psu, 서해는 33psu 미만으로 해수에 녹아 있는 염류의 양은 장소에 따라 다르지만, 각 염류가 이루는 비율은 거의 같아요. 이를 염분비 일정의 법칙이라고 해요. 예를 들면 염분

35psu에서는 염소 55%, 나트륨 30.6%, 황산염 7.7%, 마그네슘 3.7% 기타 2.3%의 비율을 보이는데, 이 비율이 모든 바다에서 일정하다는 뜻입니다.

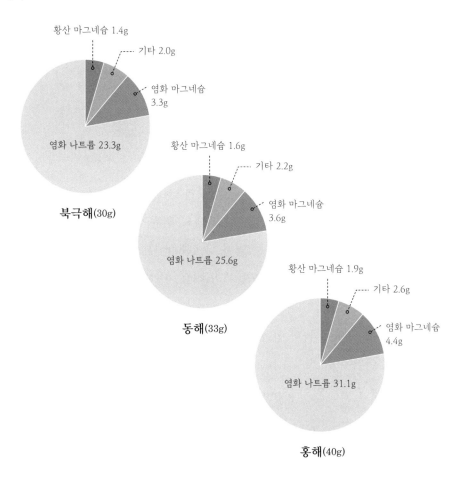

황산 마그네슘 1.4g
기타 2.0g
염화 마그네슘 3.3g
염화 나트륨 23.3g
북극해(30g)

황산 마그네슘 1.6g
기타 2.2g
염화 마그네슘 3.6g
염화 나트륨 25.6g
동해(33g)

황산 마그네슘 1.9g
기타 2.6g
염화 마그네슘 4.4g
염화 나트륨 31.1g
홍해(40g)

영국 군함 챌린저호는 1872년부터 1876년까지 전 세계 바다 77개 해역을 조사하여 해수 표본을 분석했어요. 그 결과 염분에 따라 각 염류의 농도는 다르지만, 바닷물 속에 들어 있는 각 염류의 비율은 일정하다는 사실을 알아냈어요. 염분비가 일정하게 유지되는 이유는 해수가 오랜 시간에 걸쳐 순환하여 골고루 잘 섞였기 때문이에요.

그렇다면 염류는 어디서 온 걸까요? 나트륨, 마그네슘 등은 본래 암석에 포함되어 있던 성분들이 육지를 흐르는 동안 물에 녹아 바다로 흘러들어 온 거예요. 염소, 황산염 등은 해저 화산 활동에서 나오는 화산 가스에 포함된 성분들이고요. 아주 오랫동안 암석 성분과 화산 가스 성분이 바다에 모여 염류의 성분이 되었어요. 육지의 나트륨, 해저 화산의 염소가 결합하여 염화 나트륨, 즉 소금이 되어 짠맛을 내는 거예요.

염분은 강수량과 증발량의 차이, 육지에서 공급되는 담수의 양 등에 영향을 받아요. 강수량이 증발량보다 많은 곳이나 강물이 바다로 흘러드는 곳은 염분이 적고, 증발량이 강수량보다 많은 곳은 염분이 많아요. 비가 많이 내리는 적도 부근은 표층 염분이 적고, 고기압대가 형성되는 위도 30도 부근은 증발량이 높아 표층 염분이 많아요. 북극해는 남극해보다 표층 염분이 적어요. 북극해는 육지에서 공급되는 담수의 양이 많고 빙하가 녹은 담수의 양이 많기 때문이에요. 따라서 염분은 지역과 계절에 따라 약간씩 달라져요.

이것만은 알아 두세요

1. 해수는 깊이와 온도 변화에 따라 혼합층, 수온 약층, 심해층으로 구분한다.
2. 염분은 해수 1kg에 녹아 있는 염류의 양을 g 단위로 나타낸 것으로, 단위는 psu(practical salinity unit) 또는 ‰(퍼밀)을 사용한다.
3. 전 세계의 모든 바다는 염분은 달라도 녹아 있는 염류 사이의 비율이 일정하다.

풀어 볼까? 문제!

1. 다음 그래프는 해수의 깊이에 따른 수온 분포를 위도에 따라 나타낸 것이다. 저위도, 중위도, 고위도 중에서 어느 지역이 혼합층의 두께가 가장 두꺼운가? 또 그 이유는 무엇일까?

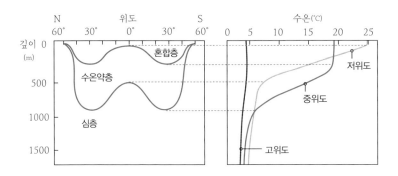

2. 다음 그래프는 위도에 따른 증발량과 강수량을 나타낸 것이다. 표층 염분이 가장 높은 위도는 어디일까? 그 이유에 대해서도 설명해 보자.

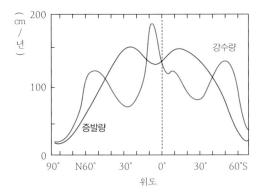

정답

1. 혼합층은 중위도에서 가장 두껍다. 그 이유는 바람의 세기가 가장 강하기 때문이다.

2. 염분은 중위도 30도 부근에서 가장 높다. 그 이유는 이 지역에서 강수량보다 증발량이 더 많기 때문이다.

3. 해류를 따라 흘러가요

플라스틱 아일랜드에 대해 들어 본 적이 있나요? 태평양 한가운데에 둥 둥 떠 있는 플라스틱으로 이루어진 섬이에요. 우리가 사용하고 버린 플라 스틱 쓰레기가 만든 섬이죠. 이곳에는 한글이 쓰인 제품들도 많이 있어요. 어떻게 한국에서 사용한 플라스틱이 태평양 한가운데에 있을까요? 그건 바다에 버려진 쓰레기가 해류를 타고 태평양으로 나갔기 때문이에요. 태 평양뿐만 아니라 대서양과 인도양에도 플라스틱 아일랜드가 있어요.

일정한 방향으로 지속해서 흐르는 바닷물(해수)의 흐름을 해류라고 해 요. 지구의 바닷물은 가만히 있지 않고 일정한 방향으로 계속해서 흐르며 지구를 돌아요. 바닷물을 흐르게 하는 원인은 지속해서 부는 바람이에요. 대기 대순환에 의한 무역풍과 편서풍이 해류의 가장 큰 원인이 되는 바람 이에요. 무역풍에 의해 북적도 해류와 남적도 해류가 발생하고, 편서풍에 의해 북태평양 해류, 남극 순환 해류가 발생해요.

우리나라가 위치한 태평양 서쪽에서는 북적도 해류가 아시아 대륙에 부딪쳐 대륙의 가장자리를 따라 북상하는 흐름이 있는데 이 해류를 쿠로 시오 해류라고 해요. 쿠로시오는 일본어로 검다는 의미예요. 해류의 흐름이 빠르고 수심이 깊은 특징을 갖고 있어요.

태평양 동쪽에서는 북태평양 해류가 북아메리카 대륙의 가장자리를 따라 남하하는데 이 해류를 캘리포니아 해류라고 해요. 쿠로시오 해류에 비해 흐름이 느리고 수심이 얕아요. 북태평양에서는 서쪽으로 흐르는 북적도 해류, 고위도로 흐르는 쿠로시오 해류, 동쪽으로 흐르는 북태평양 해류, 저위도로 흐르는 캘리포니아 해류가 있으며 이 해류들은 큰 시계 방향의 순환을 만들어요. 이를 아열대 순환이라고 하고, 이 순환에 의해 태평양에 플라스틱 아일랜드가 생기게 된 거예요.

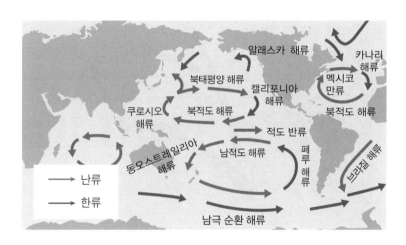

해류는 온도에 따라 난류와 한류로 나눠요. 난류는 저위도에서 고위도로 흐르는 따뜻한 해류이고, 한류는 고위도에서 저위도로 흐르는 찬 해류예요. 난류와 한류에 의해 저위도의 남는 열이 고위도로 이동해서 적도 지방의 온도가 계속 올라가지 않고, 극지방은 온도가 계속 낮아지지 않고 일정하게 유지되는 거예요.

우리나라 주변에도 난류와 한류가 흘러요. 우리나라 동해에서는 쿠로시오 해류에서 갈라져 남쪽에서 올라오는 따뜻한 해류인 동한 난류와 북쪽에서 내려오는 찬 해류인 북한 한류가 흘러요. 성질이 다른 두 해류는 동해의 독도 주변에서 만나는데, 이러한 곳을 조경 수역이라고 해요. 조경 수역은 영양 염류와 플랑크톤이 풍부하여 좋은 어장을 형성해요.

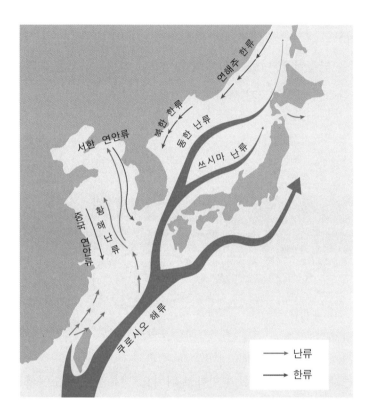

계절에 따라 여름철엔 동한 난류의 세력이 세서 조경 수역의 위치가 북쪽으로 이동하고, 겨울철엔 북한 한류의 세력이 세서 조경 수역의 위치가 남쪽으로 이동해요. 이러한 해류를 따라 물고기들도 같이 이동하게 되어 겨울철에는 찬 해류에 사는 명태들이 많이 잡혔죠. 그러나 지구 온난화로

인해 동한 난류의 세력이 세져 우리나라 주변에서 명태가 잡히질 않게 되면서 북한산 명태나 러시아산 명태를 수입하고 있어요.

황해는 황해 난류가 북상하지만 우리나라 서쪽 연안을 따라 서한 연안류와 중국 연안류의 세력이 세서 흐름이 약해요. 특히 여름철엔 연안류의 세력이 더욱 세서 황해 난류는 제주도 근방에서 서해안으로 올라올 수가 없어요.

해류의 흐름은 주변 지역의 기온에 영향을 주는데, 난류가 강한 지역은 다른 지역보다 대체로 기온이 높고, 한류가 강한 지역은 다른 지역보다 대체로 기온이 낮아요. 우리나라를 예로 들면 겨울철에 같은 위도의 동해안이 서해안보다 기온이 높아요. 동해안에 흐르는 동한 난류의 영향을 받기 때문이에요.

이것만은 알아 두세요

1. 일정한 방향으로 지속해서 흐르는 해수의 흐름을 해류라고 하고, 따뜻한 해류인 난류와 찬 해류인 한류로 구분한다.
2. 쿠로시오 해류는 서태평양에서 저위도에서 고위도로 흐르는 난류로, 우리나라 주변을 흐르는 난류의 근원이다.
3. 조경 수역은 한류와 난류가 만나는 곳으로 영양 염류와 플랑크톤이 많아 좋은 어장을 형성한다.

풀어 볼까? 문제!

1. 우리나라 동해안은 한류와 난류가 만나는 조경 수역을 형성한다. 겨울철과 여름철에 조경 수역의 위치가 어떻게 변하는지 설명해 보자.

2. 여름철 홍수로 인해 바다로 쓸려나간 쓰레기가 어떻게 태평양 한가운데로 이동할 수 있었을지 설명해 보자.

정답

1. 겨울철에는 북한 한류의 세력이 세서 조경 수역의 위치가 저위도쪽으로 남하한다. 여름철에는 동한 난류의 세력이 세서 조경 수역의 위치가 고위도쪽으로 북상한다.

2. 우리나라 주변을 흐르는 동한 난류를 따라 태평양으로 나가면 북태평양 해류를 타고 태평양 한가운데로 이동한다.

4. 해수면의 높이가 달라져요

　조개잡이 체험을 하기 위해서는 주로 서해안으로 가요. 우리나라 서해안에서는 썰물 때 바닷물이 빠져나가면서 넓은 갯벌이 드러나고, 밀물 때 바닷물이 밀려 들어와 갯벌이 물에 잠겨요. 하루에 두 번씩 모습을 드러내는 갯벌은 밀물과 썰물에 의해 해수면이 주기적으로 높아졌다 낮아졌다 하는 현상이 반복돼요.

　이처럼 밀물과 썰물에 따라 해수면의 높이가 주기적으로 높아졌다 낮아졌다 하는 현상을 조석이라고 하고, 조석에 의해 나타나는 밀물과 썰물 같은 바닷물의 흐름을 조류라고 해요. 일정한 방향으로 계속 흐르는 해류와 다르게 조류의 방향은 주기적으로 바뀌어요.

　해수면의 높이는 하루에 두 번씩 주기적으로 높아졌다 낮아졌다 하는데, 밀물에 의해 해수면이 가장 높아진 때를 만조, 썰물에 의해 해수면이 가장 낮아진 때를 간조라고 해요. 만조와 간조 때 바닷물의 높이 차이를 조차라고 부르고요. 조차는 지역에 따라 다르게 나타나는데, 서해안처럼 수심이 얕은 바다가 수심이 깊은 바다보다 조차가 커요. 그래서 수심이 깊은 동해안은 조차가 작고, 서해안은 조차가 커서 갯벌이 잘 만들어져요. 서해안 갯벌에서는 조개, 낙지, 망둑어, 방게 등 갯벌 생물을 볼 수 있어요.

서해안으로 갯벌 체험을 하러 갈 때는 만조와 간조 시간을 미리 알고 가야 해요. 만조 때 가면 갯벌이 바닷물에 잠겨 갯벌 체험을 할 수 없어요. 그럼 만조와 간조 때는 어떻게 알 수 있을까요?

조석 현상을 일으키는 원인은 달과 태양에 의한 기조력 때문이에요. 기조력은 만유인력과 원심력의 합력으로 바닷물을 잡아당기는 역할을 해요. 태양이 달보다 질량이 크기 때문에 만유인력이 클 것 같지만, 실제로는 거리의 영향을 더 많이 받게 돼요. 따라서 지구에 가까운 달의 기조력이 태양의 기조력보다 약 2배 정도 커요.

기조력은 달이 있는 방향으로 작용하는데, 달의 반대편으로도 작용해요. 결국 지구에서는 기조력의 영향으로 바닷물이 양쪽으로 갈라져 이동하게 되고, 만조와 간조가 번갈아 나타나게 돼요.

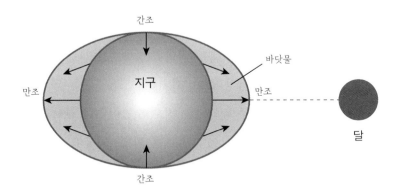

달의 위치, 즉 음력 날짜마다 달라지는 만조와 간조 시간을 계산해 볼 수 있어요. 만조에서 만조까지, 간조에서 간조까지를 조석 주기라 하는데,

약 12시간 25분이에요. 하루 24시간을 반으로 나눠서 12시간이 되어야 하는데, 지구가 자전하는 동안 달이 서에서 동으로 약 13도(약 50분)씩 공전하기 때문에 조석 주기는 12시간 25분이 되는 거예요.

만약 달과 태양이 일직선상에서 같은 방향으로 기조력이 작용한다면 어떻게 될까요? 그렇게 된다면 달의 조석과 태양의 조석이 더해져 만조 때 바닷물의 높이가 더 높아지고, 간조 때 바닷물의 높이가 더 낮아져요. 이처럼 조차가 클 때를 사리라고 하는데, 보통 음력 1일(삭)과 15일(망)에 일어나요. 달과 태양이 직각을 이루면 달의 조석과 태양의 조석이 감해져 조차가 작아져요. 이때는 조금이라고 하고 보통 음력 7~8일(상현), 22~23일(하현)에 일어나요.

조석 현상은 예측이 가능하기에 우리는 이를 이용하여 갯벌 체험도 할 수 있고 섬에 걸어서 갈 수도 있어요. 그뿐만 아니라 조차와 조류를 이용해서 신재생 에너지를 생산할 수도 있죠. 조차를 이용한 조력 발전과 조류를 이용한 조류 발전이 있어요.

조력 발전은 만조와 간조 때 해수면의 높이 차를 이용하여 터빈을 돌려 발전하는 방식으로, 밀물 때 바닷물이 들어오면 방조제에 물을 가두고 썰물 때 물을 방류하면서 발전기를 돌려요. 조석 간만의 차가 큰 우리나라 서해안은 조력 발전에 매우 적합한 환경이에요. 우리나라는 2011년부터 세계 최대 규모의 시화호 조력 발전소에서 대규모 전력을 생산하고 있어요.

조류 발전은 빠른 조류를 이용해 터빈을 돌려 전기를 발생시키는 거예요. 우리나라 진도와 해남 사이에는 울돌목 조류 발전소가 있어요. 이곳은 이순신 장군이 조류의 방향과 속도를 이용해 명량대첩에서 일본에 승리를 거둔 장소이기도 해요.

풀어 볼까? 문제!

1. 다음 그림은 시간에 따른 해수면의 높이 변화를 나타낸 것이다. 밀물과 썰물 중 A~D에 들어갈 단어로 바른 것을 골라 써 보자.

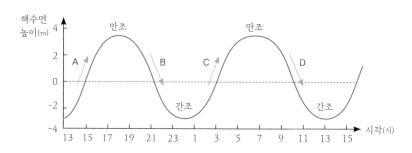

A : _____   B : _____   C : _____   D : _____

2. 우리나라에서 서해안과 동해안 중 조력 발전소를 설치하기에 적당한 곳과 그 이유를 설명해 보자.

정답

1. A : <u>밀물</u>   B : <u>썰물</u>   C : <u>밀물</u>   D : <u>썰물</u>

2. 서해안이 조력 발전소를 설치하기 적당하다. 그 이유는 서해안은 수심이 낮아 조수 간만의 차가 크기 때문이다.

Part 4. **기권과 날씨**

얘들아~~ 나 지금
히말라야 에베레스트산 정상에 있어!

 등산사랑

엥? 어디라고? 에베레스트?
뻥치지 마!!!

진짜야~ 여기 엄청 추워

 등산극혐

너 거기 왜 갔어?
산에 잘 올라가지도 못하잖아ㅠㅠ

하다 보니 이렇게 높은 곳까지
올라오게 됐네

 등산사랑

에베레스트는 전문 산악인이
열심히 훈련해야 갈 수 있는 산인데…
그런데 네가 갔다고? 난 믿을 수가 없어

 등산극혐

난 등산하는 사람들을 다 이해할 수 없어
올라가면 다시 내려와야 하는데
왜 올라가지? 산 아래가 얼마나 좋고 편한데!

산에 안 올라오는 너는 잘 모를 수 있지
올라오면 얼마나 멋진 뷰가 있는데!
올라갈수록 시원하고 바람도 많이 불어서 상쾌해

 등산사랑

맞아. 그건 산에 올라가야만 알 수 있는 거야
그건 그런데 등산 초보 너 제대로 말 안 할래?

ㅋㅋㅋ

 등산사랑

에베레스트산에 올라갔다는 거
뻥이라고!

역시 등산 좋아하는 사람은 달라
나 뒷산에 올라왔어!

등산극혐

너!!! 나 놀린 거야?

미안미안^^

1. 높이 올라갈수록 기온은 어떻게 변할까?

여름철이 되면 에베레스트산의 빙하가 녹으며 등산가들의 시신이 발견되는 일들이 생겨요. 이 시신들은 빙하 속에 갇혀 죽은 상태 그대로 보존된 것이라, 최근에 사망한 사람도 있지만 몇십 년 전에 사망한 사람도 있어요. 사람들이 에베레스트산을 등산하기 시작한 때부터 지금까지 산 정상에서 사망한 사람들은 300명 가까이 되고 시신의 3분의 2는 지금까지 눈과 얼음 속에 묻혀 있다고 해요.

최근엔 지구 온난화로 얼음벽과 빙하가 빠르게 녹으면서 눈과 얼음 속에 묻혀 있던 시신들이 드러나는 일이 빈번히 일어나고 있어요. 죽은 사람을 냉동 상태로 보관하는 히말라야산맥의 정상은 얼마나 추운 걸까요? 연평균 기온이 −50℃라고 하니, 바람이 불 때 체감 온도는 얼마나 낮을지 상상되지 않을 정도예요.

높은 곳으로 올라가면 점점 기온이 낮아지고 추워집니다. 그러면 더 높은 곳으로 올라갈수록 계속 기온이 낮아질까요? 그렇지 않습니다. 지구를 둘러싼 대기는 기온이 낮아지는 구간도 있지만 높아지는 구간이 있어, 온도 변화에 따라 4개의 층으로 구분됩니다. 지표에서 위로 올라가면서 대류권, 성층권, 중간권, 열권으로 나눠요. 각 층에 대해 알아봅시다. 우리가 대기를 통과해 지구 밖으로 나간다고 상상하며 이야기해 볼게요.

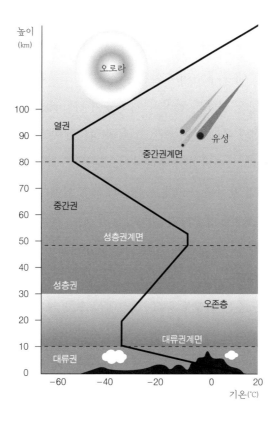

먼저 만나는 층은 대류권입니다. 지표에서 위로 올라갈수록 공기가 희박해져 숨을 쉬기 어려워집니다. 그리고 기온도 낮아져 추울 거예요. 세계에서 제일 높은 히말라야 산꼭대기의 온도는 −25℃에서 −40℃ 사이라고 해요. 히말라야 산꼭대기보다 더 높이 올라가니 추위 대비를 단단히 해야 해요.

높이 올라가다 보니 구름도 만날 수 있네요. 하지만 구름은 지표로부터 약 11km 높이까지만 있어요. 그 위로는 기온이 다시 올라가 대류가 일어나지 않기 때문에 구름도 없어요. 대류는 위쪽에 찬 공기가 있고 아래쪽에 더운 공기가 있을 때, 찬 공기는 아래로 가고 더운 공기는 위로 움직이며 순환하는 거예요. 지표로부터 약 11km 이상 되는 곳부터는 다시 위쪽 공기가 더워지므로 대류가 일어나지 않는 거예요. 구름과 비도 만들어지지 않고요. 대기의 온도 분포가 달라지는 그 높이 11km를 대류권계면이라고 불러요. 대류권계면 아래는 대류권, 그 위를 성층권이라고 하죠.

자, 우리는 이제 성층권까지 올라왔어요. 이곳은 구름 한 점 없고 바람도 안 부는 대단히 안정된 층이에요. 이곳에서 조심해야 할 것은 오존이에요. 오존은 산소 3개가 결합하여 만들어진 물질로, 특유의 냄새가 있고 몸에 닿으면 따끔해요. 이 오존은 살균 작용을 하므로 눈이나 코 점막 등에 직접 닿으면 안 돼요.

하지만 오존은 좋은 역할도 해요. 태양에서 오는 자외선을 흡수해 주어 오존층 아래쪽에 사는 사람들이 많은 양의 자외선에 노출되는 것을 막아 주고 있어요. 만약 성층권의 오존층이 사라진다면 우리는 우주인처럼 눈과 피부를 보호하는 커다란 안전모를 쓰고 다녀야 할 거예요.

지표로부터 약 50km 높이를 통과하면 온도가 다시 내려가는 중간권에 도달해요. 중간권에서는 위로 올라갈수록 계속 온도가 내려가서 –90℃ 까지 떨어집니다. 중간권은 대류권처럼 아래쪽이 더워서 대류 현상이 일어나지만 구름은 만들어지지 않아요. 수증기가 없기 때문이에요.

이곳을 지나면 별똥별을 가까이에서 볼 수 있을 거예요. 우주 밖에서 날아오는 돌멩이들이 대기와 부딪혀 빛을 내는 별똥별은 중간권에서 대기를 만나며 생겨요. 조심해요! 빛나는 별똥별은 뜨거워서 맞지 않도록 피해야 해요.

더 올라가 높이 약 80km에 도달하면 온도 차이가 극심한 곳을 만나게 돼요. 이곳은 위로 올라갈수록 온도가 급격히 높아지는 곳으로, 열권이라고 불러요. 열권은 대기가 희박하고 약 1,000km까지 이어져요. 이곳에서는 공기가 드문드문 있기 때문에 햇빛이 들어오는 낮에는 온도가 많이 올라가고 햇빛이 없는 밤에는 온도가 급격히 떨어져요. 또한 열권에서는 하늘에 드리운 아름다운 커튼 오로라를 가까이에서 볼 수 있어요. 오로라는 태양에서 날아오는 전기를 띤 입자들이 지구 자기장에 이끌려 양쪽 극지방에 모여들어 공기 입자들과 마찰하여 만들어내는 빛으로, 주로 극지방 상공에서 볼 수 있어요.

더 올라가면 대기가 거의 없는 대기권 밖을 만나요. 이곳에서는 마찰이 거의 없어 우주 유영을 할 수 있어요. 우주 유영을 할 때 수많은 인공위성과 우주 쓰레기에 부딪히지 않도록 조심해야 해요. 인공위성은 대기와의 마찰을 피하기 위해 대부분 높이 500km 이상 되는 열권 상부에 있어요.

지금까지 위로 올라가며 우리가 만날 수 있는 상황은 상상이랍니다. 만약 아무런 보호 장치 없이 기구에 탑승해 엘리베이터가 올라가는 속도로 올라간다면 10분 후에는 뇌와 폐에 많은 체액이 몰리면서 부종이 생기게 되고, 호흡곤란과 추위로 고통스러워하다가 죽을 거예요. 우리를 지켜주는 보호막인 이불 같은 대기가 고마울 따름이에요.

실제로 높은 산을 등반하는 산악인은 고지대에서 고산병이라 알려진 증상(어지러움, 의식 장애, 피로, 동상, 탈수증, 편두통, 식욕 저하 등의 기능 장애)을 겪어 고통스러워해요. 잘 훈련된 산악인은 높이 7,600m 이상 올라가면 이런 증상을 겪고, 일반인들은 4,500m 정도만 되어도 이런 증상으로 고통스러워하게 돼요.

대기는 우리의 생존에 더없이 소중한 존재입니다. 대기에 적응해서 살아온 우리는 지구의 대기 환경을 떠나서는 살 수 없어요. 대기의 조그만 변화에도 아주 민감하게 반응하지요. 봄철에 대기 중 미세농도가 높아지는 황사나, 여름철에 오존 농도가 높아질 때는 우리 몸이 먼저 반응해요. 그런 조그만 변화에도 기침이나 콧물을 흘리고 심하면 호흡곤란이나 눈병에 걸리기도 하는 걸 보면 얼마나 소중한 존재인지 알 수 있겠죠.

대기의 기온 변화는 인간뿐 아니라 모든 지구의 생명체와 시스템에 영향을 끼쳐요. 최근 대기의 기온이 올라가는 지구 온난화로 지구 시스템의 열적 평형이 깨져 폭우, 폭염, 가뭄 등의 예측하기 힘든 이상 기후가 생겨나고 있어요. 지구 온난화와 관련해서는 뒤에서 더 자세하게 이야기할게요.

옛날보다 지금의 대기 중에 많아진 것으로는 납이 있어요. 납은 몸속에 쌓이면 뇌와 중추신경계에 회복할 수 없는 손상을 주어 시력, 청력, 신장 기능 상실, 암, 마비, 경련 등의 증상과, 심하면 환각과 혼수 상태에 빠지게 하는 위험한 물질이에요.

하지만 이러한 납의 위험성을 알고 대기 중의 납 방출량을 제한하기 시작한 것은 불행히도 얼마 되지 않았어요. 납은 가공이 편리하다는 장점 때문에 통조림 용기를 땜질하거나 살충제로 쓰기도 했어요. 또 휘발유의 첨가제로 사용되어 대기에 많이 배출되었어요. 지금은 납을 없앤 무연휘발유를 사용하지만 지난 20세기에 사용했던 에틸휘발유 첨가제 때문에 대기 중의 납 성분이 많이 증가했어요. 100년 전에 살았던 사람들보다 현대 사람들의 혈액 속 납 농도가 600배 이상 높다고 해요.

고마운 대기가 잘 보존되도록 오염물질 배출에 대한 규제가 반드시 필요하겠죠? 하지만 우리나라만 해서는 효과를 볼 수 없어요. 전 세계가 함께 해야 해요. 그러기 위해서는 국가 간의 협력과 노력이 그 어느 때보다 절실히 필요할 겁니다.

이것만은 알아 두세요

1. 기권은 높이 따른 기온 변화를 기준으로 대류권, 성층권, 중간권, 열권의 4개의 층으로 구분한다.
2. 대류권과 중간권에서는 대류가 잘 일어나고, 수증기가 포함되어 있는 대류권은 기상 현상이 일어난다.
3. 성층권에서는 태양의 자외선을 흡수하는 오존층이 있다.
4. 열권에서는 공기가 희박하여 낮과 밤의 기온 차이가 크다.

풀어 볼까? 문제!

1. 다음 그림은 기권의 각 층을 나타낸 것이다. 각 층의 이름을 빈칸에 써 보자.

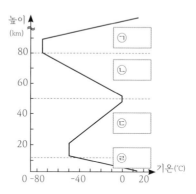

2. 다음은 기권에 대한 설명이다. ㉠~㉣에 들어갈 말을 써 보자.

구분	지표로부터 높이	특징
열권	약 80~1,000km	• 공기가 희박하여 낮과 밤의 온도 차이가 매우 (㉠)다. • 오로라, 인공위성의 궤도
중간권	약 50km~80km	• (㉡) 현상이 일어난다. • 기상현상은 나타나지 않는다.
성층권	약 11km~50km	• (㉢)이(가) 있어 자외선을 흡수한다.
대류권	약 11km	• 대류 현상이 일어난다. • 수증기가 있어 (㉣) 현상이 나타난다.

정답

1. ㉠: 열권, ㉡: 중간권, ㉢: 성층권, ㉣: 대류권

2. ㉠: 크, ㉡: 대류, ㉢: 오존층, ㉣: 기상

2. 지구가 점점 더워지고 있어

2020년 우리나라의 여름은 최장 기간 장마라는 기록을 남겼어요. 6월 24일에 시작된 장마가 8월 16일에 끝나, 54일이나 비가 내렸다 그쳤다를 반복했죠. 같은 기간 유럽에는 폭염이 계속되었지요. 전 세계적으로 이상 기후 현상이 잦아지고 있어요. 기상청의 날씨 예보가 제대로 맞지 않자 사람들은 기상청을 비난하기도 해요. 하지만 기상청도 억울해요. 요즘 날씨는 돌발변수가 많아서 슈퍼컴퓨터로도 예측하는 데 한계가 있을 수밖에 없다고 해요.

날씨가 이렇게 변화무쌍한 원인은 무엇일까요? 지구 온난화! 누구나 한 번쯤 들어봤을 거예요. 지구의 날씨와 생태적 변화를 일으키는 지구 온난화에 대해 자세히 알아볼 필요가 있어요. 그전에 지구의 연평균 기온이 무엇이고 일정하게 유지되는 과정부터 알아볼게요.

우리나라에는 사계절이 있어 여름에는 기온이 높고 겨울에는 기온이 낮아요. 지난 100년간 우리나라의 연평균 기온은 13.2℃입니다. 북극지방의 연평균 기온은 -35~-40℃이고 적도 부근의 열대 지방의 연평균 기온은 20℃가 넘어요. 지역마다 차이는 있지만, 지구 전체로 볼 때 연평균 기온은 약 15℃를 유지해요. 매일매일 뜨거운 태양 에너지를 받고 있는데 기온이 올라가지 않고 일정하게 유지되는 이유는 무엇일까요?

그 이유는 지구 복사 평형 때문입니다. 복사 평형이라는 말이 낯설죠? 자세히 알아볼게요. 지구는 태양 복사 에너지를 받고 있어요. 그리고 받은 만큼 다시 지구 복사 에너지로 내보내고 있기 때문에 온도가 계속 올라가지 않고 일정하게 유지되는 거죠. 이런 현상을 복사 평형이라고 해요. 복사 평형에 관해 좀 더 자세히 알아보기 위해 이런 실험을 할 수 있어요.

다음 그림처럼 뚜껑이 달린 검은색 알루미늄 컵에 온도계를 꽂고, 30cm 정도 떨어진 곳에 전등을 켜 가열하면서 온도를 측정해요. 처음에는 온도가 계속 올라가지만, 시간이 지나면 온도가 더 이상 올라가지 않고 일정하게 유지돼요.

전등이 계속 켜져 있어 전등에서 복사 에너지가 컵에 전해지고 있음에도 온도가 올라가지 않는 까닭은 전등도 복사 에너지를 내보내고 있기 때문이에요. 결국 컵에 남는 에너지는 0이 되어서 온도가 변하지 않는 평형 상태가 되지요. 이런 상태를 복사 평형이라고 불러요.

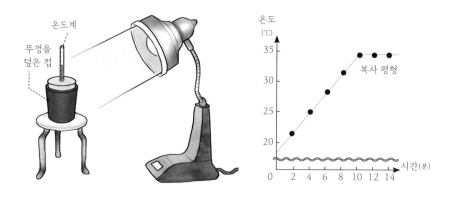

지구도 복사 평형 상태에 있어요. 지구는 태양 복사 에너지 중 일부를 흡수하고 흡수한 양과 같은 양의 에너지를 지구 복사 에너지로 방출하여 복사 평형 상태를 이루고 있죠.

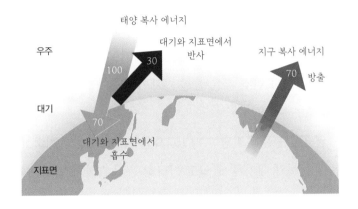

지구로 들어오는 태양 복사 에너지를 100이라고 할 때, 30은 대기와 지표면에서 반사되어 우주로 돌아가고, 나머지 70만 지구에 흡수돼요. 지구에 흡수되어 지구의 온도를 높인 에너지는 다시 70 그대로 지구 복사 에너지로 우주에 방출돼요. 따라서 지구의 온도는 계속 올라가지 않고 거의 일정하게 유지되는 복사 평형 상태입니다.

복사 평형은 대기가 있을 때와 없을 때에 따라 평형에 도달하는 온도에 차이가 생겨요. 대기가 없으면 지표면에 도달하는 태양 복사 에너지가 그대로 지구 복사 에너지로 나가요. 대기가 있으면 지표면에서 방출된 지구 복사 에너지 중 일부를 흡수하였다가 다시 지표면으로 방출해요. 그 결과 지표면은 더 많이 데워지고, 대기가 없을 때보다 더 높은 온도까지 올라가 평형을 이루게 됩니다. 이런 대기의 효과를 온실 효과라고 해요. 대기 중에서 온실 효과를 일으키는 기체로는 수증기, 이산화 탄소, 메테인 등이 있는데 이들을 온실 기체라고 부릅니다.

만약 지구에 대기가 없다면 지구의 평균 온도는 어떻게 될까요? 달과 금성에서 그 해답을 찾을 수 있어요. 달과 태양 간 거리는 지구와 태양 간 거리와 비슷하지만 지구보다 평균 온도가 낮아요. 평균 기온은 약 $-23℃$ 이고, 최고 온도는 $123℃$, 최저 온도는 $-233℃$로 차이가 크죠. 대기가 없어 온실 효과가 없으니 낮과 밤의 온도 차이도 심하고 평균 온도도 낮아요. 반대로 이산화 탄소 같은 온실 기체가 많은 금성은 평균 온도가 약 $464℃$로 높아요.

지구는 생명체가 살기 적당한 약 $15℃$의 평균 온도를 유지하고 있어요. 적당한 온실 기체가 대기 중에 있고 적당히 온실 효과가 일어나니 다행이에요.

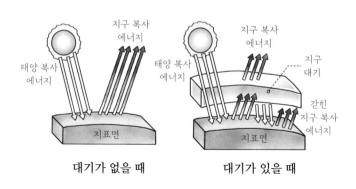

대기가 없을 때   대기가 있을 때

그렇다면 지구 온난화의 원인은 무엇일까요? 지금까지 복사 평형으로 지구의 연평균 기온은 약 $15℃$로 일정하게 유지된다는 사실을 알아봤죠. 그런데 실제로는 일정하게 유지되지 못했고 조금씩 기온이 오르고 있어요. 지난 20년간 지구의 연평균 기온은 약 $0.5℃$ 상승했고, 지금의 추세가 계속되면 21세기 중반에는 약 1℃의 기온 상승이 예상된다고 해요. 이런 현상을 지구 온난화 현상이라고 해요.

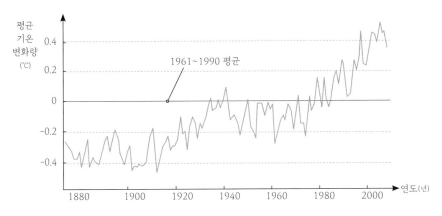

지구의 평균 기온 변화(1961년~1990년의 평균값보다 높고 낮음을 나타냄)

지구 대기 중에 온실 기체의 양이 증가하면 대기에서 흡수되어 지표로 방출되는 에너지가 많아지고, 결국 지표면의 온도가 증가하게 됩니다. 흐린 날처럼 대기 중에 수증기가 많은 날의 새벽이 맑은 날 새벽보다 더 온도가 높은 것도 같은 원리입니다. 이런 현상이 하루가 아니라 지속해서 일어나 지표면이 온도가 평균적으로 올라가는 걸 지구 온난화 현상이라 합니다.

지구 온난화는 대기 중의 온실 기체의 양이 많아질 때 생기는 현상이에요. 지난 100년 동안 온실 기체가 얼마나 많아졌는지 다음 그래프를 한번 보기로 해요.

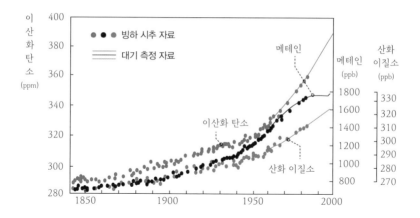

그래프를 보면 1850년 이후부터 이산화 탄소, 메테인, 산화 이질소 등의 온실 기체량이 증가하고 있고, 특히 1950년 이후에는 급격히 증가하는 것을 알 수 있어요. 1950년 이후 지구의 연평균 기온도 급격히 증가하는 같은 패턴을 나타내는 것으로 보아, 지구 온난화는 대기 중 온실 기체의 양과 밀접한 관계가 있다는 것을 알 수 있죠. 또한 지난 40만 년 동안 지구의 온도 변화와 이산화 탄소의 농도 변화를 살펴보면 서로 관련이 깊다는 것을 알 수 있어요.

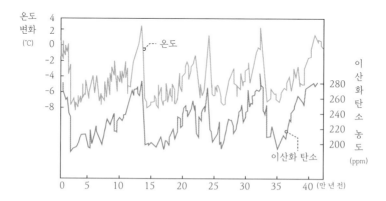

지구 온난화로 우리나라 연평균 기온은 최근 30년간 1.4℃ 상승했어요. 지난 100년간 우리나라 연평균 기온은 13.2℃이지만, 최근 2010년대(2011~2017)의 연평균 기온은 14.1℃로 점점 더워지고 있어요. 여름은 19일 길어졌고 겨울은 18일 짧아졌다고 하네요.

지구 온난화는 세계 곳곳에서 일어나는 이상 기후의 원인으로 지목받고 있어요. 일반적으로 30년 동안의 평균적인 일기 상태를 기후라고 하며, 기후를 통해 대략적인 일기 상태를 예측해요. 그런데 과거 30년 동안 잘 일어나지 않았던 이상한 기후 변화가 나타나는 경우가 있는데, 이것을 이상 기후라고 해요. 이상 기후는 보통 한 달 이상 평년과 다른 기후가 나타날 때를 가리켜요. 짧은 기간 동안 일어나는 날씨 변화가 중대한 영향을 미칠 수도 있어요.

앞으로도 지구 온난화는 지속될 것으로 보여요. 빙하가 녹으며 해수면이 상승하고 해안가 저지대가 물에 잠기게 되겠죠. 기후가 변하면 생태계도 변할 거예요. 가뭄이나 폭염, 폭우 등과 같은 악 기상도 자주 발생하는 등 지금까지와는 다르게 예측 불가능한 변화를 겪게 될 수도 있어요.

지구 온난화를 멈추게 하려면 어떻게 해야 할까요? 한 나라의 노력만으론 전 세계 대기의 온실 기체 농도를 낮출 수 없어요. 그래서 세계 각국이 모여 온실 기체의 방출량을 줄이는 방법에 대해 고민하고 줄이고자 약속을 맺었어요. 기후 변화 협약이죠.

기후 협약의 기본 원칙은 기후 변화 방지를 위한 예방적 조치를 시행하고, 선진국은 대기 중의 온실 기체 배출의 역사적 책임을 지고 선도적 역할을 수행하는 거예요. 개발도상국에서는 현재의 개발 상황에 대한 특수한 사정을 배려하되, 공동의 차별화된 책임과 능력에 입각한 의무를 부담

하도록 했어요. 그러나 국가 사이의 이해관계가 서로 달라 협약을 이행하는 데 어려움이 많아요.

지구 온난화의 피해

┌─ **이것만은 알아 두세요** ─────────────────────────────

1. **복사 평형** 어떤 물체가 흡수한 복사 에너지양과 방출하는 복사 에너지양이 같아 온도가 일정한 상태이다.

2. **온실 효과** 대기 중의 온실 기체가 지표면에서 방출되는 에너지 중 일부를 흡수한 후 다시 방출하여 지구의 평균 기온이 일정하게 유지되는 현상이다.

3. **지구 온난화** 대기 중 온실 기체가 증가하여 온실 효과가 강화되고 지구의 평균 기온이 점점 높아지는 현상이다.

└──

풀어 볼까? 문제!

1. 태양 복사 에너지가 지구로 끊임없이 들어오는데도 지구의 기온이 거의 일정하게 유지되는 이유가 무엇인지 설명해 보자.

2. 지구 온난화의 영향으로 우리나라의 여름과 겨울의 길이가 어떻게 변하고 있는지 설명해 보자.

정답

1. 지구에 들어오는 태양 복사 에너지만큼 지구에서 우주로 지구 복사 에너지가 방출되기 때문에 복사 평형이 이루어져 지구의 기온이 일정하게 유지된다.

2. 지구 온난화의 영향으로 우리나라의 여름은 길어지고 겨울은 짧아지고 있다.

3. 위도별로 다른 바람이 불어(대기 대순환)

지구는 연평균 기온이 약 15도로 일정해요 기온이 일정하다는 것은 들어온 열만큼 다시 열이 나가는 복사평형 상태를 의미해요 지구 전체로 보았을 때 복사평형을 이루어 평균기온이 일정하게 유지되지만, 위도에 따라서는 지구가 흡수하는 태양 복사 에너지양과 지구가 방출하는 지구복사 에너지양은 차이가 있어요.

적도 근처의 저위도 지역에서는 흡수하는 태양 복사 에너지양이 방출하는 지구복사 에너지양보다 더 많아서 에너지가 남아요. 반면 고위도 지역에서는 흡수하는 태양 복사 에너지양이 방출하는 지구복사 에너지보다 적어 에너지가 부족해요. 복사 에너지가 남으면 기온은 계속 올라가고 부족하면 기온은 계속 내려가야 하지만 실제 그런 현상은 일어나지 않아요. 저위도의 남는 에너지가 고위도 지역으로 잘 운반되기 때문이에요. 전 지구적인 규모로 대기와 해수가 이동하며 열에너지를 운반합니다.

전 지구적인 규모의 대기 대순환은 지구 자전의 영향을 받아 3개의 순환으로 나눠지고 북반구와 남반구에서 대칭적인 모습을 보여요. 적도 지방에서는 공기가 상승하고 위도 30도 부근에서는 하강해요. 지표를 따라

고위도로 올라간 따뜻한 공기는 위도 60도 부근에서 다시 상승해서 극지 방까지 이동한 후 하강해요. 이렇게 해들리 순환, 페럴 순환, 극순환이 만 들어지고 지표에는 북동 무역풍, 편서풍, 극동풍이 불게 됩니다.

공기가 상승하는 적도 근처에는 비구름이 만들어져 비가 많이 오는 열 대 기후가 됩니다. 반대로 공기가 하강하는 30도 부근에는 고기압대가 형 성되어 구름 없는 맑은 날씨가 됩니다. 비가 적게 오고 강한 햇빛이 쏟아 지는 건조 기후대가 이 위도에 몰려 있지요. 끝없이 모래가 펼쳐지는 사하 라 사막이 있는 곳이에요.

위도 30도~60도 사이에는 항상 서쪽에서 동쪽으로 부는 편서풍이 물 어요. 우리나라는 편서풍 대에 위치해요. 일기예보에서 중국이나 서해 쪽 의 기상정보로 미래의 날씨를 예상할 수 있는 것도 우리나라에 편서풍이 불기 때문입니다.

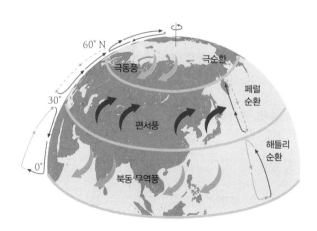

대기 대순환

4. 공기 중의 수증기가 물방울로 변하고 있어

뽀드득, 뽀드득, 비 오는 날 자동차 와이퍼가 움직여 앞 유리의 물방울을 없애네요. 유리창 안쪽이 뿌옇게 변하면 에어컨이나 히터를 틀어 김 서림을 없앨 수 있어요. 유리창을 뿌옇게 만드는 김 서림은 밖의 비가 안쪽으로 스며든 것일까요? 만약 그렇다면 자동차는 오래가지 못하고 고장 날 수도 있겠죠. 알고 있겠지만 차를 뿌옇게 만드는 김은 자동차 안에서 만들어졌어요.

자동차의 수증기가 차가운 유리면에서 물방울로 변해 유리창을 뿌옇게 만들어요. 대기 중의 물은 수증기에서 물방울이나 얼음으로, 반대로 얼음이 물, 수증기로 상태 변화하면서 다양한 일기 현상을 만들 수 있어요.

증발과 기화

그릇 속에 있던 물은 표면부터 공기 중으로 수증기가 되어 들어가는데, 이를 증발이라고 해요. 시간이 지나면 그릇 속에 있던 물의 일부가 증발해 물이 줄어들어요. 냄비에 물을 끓이면 물이 수증기가 되어 공기 중으로 날아가지요. 이것은 증발과 다른 현상으로, 기화(물이 끓는점에 도달하여 액체가 기체로 되는 현상)라고 해요.

증발은 기화와 달리 물의 표면에서만 일어나는 현상이에요. 공기가 건조할수록, 바람이 강할수록, 온도가 높을수록 활발하게 일어나죠.

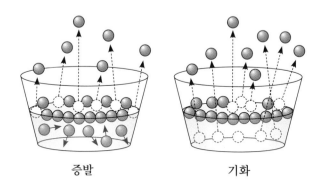

증발　　　　　　　　기화

지구에 있는 물 중에서 가장 많은 부분을 차지하는 게 바닷물이에요. 넓고 큰 바다에서 매일 매 순간 물을 증발시켜 공기 중에 수증기를 공급하고 있어요. 그러니까 엄청나게 많은 양의 수증기가 대부분 바다에서 증발되어 공기 중으로 들어가고 있는 거예요.

대기 중에는 우리 눈에는 보이지 않지만 수증기가 포함되어 있으며, 수증기의 양은 계속 변하고 있어요. 대기 중에 들어가는 수증기의 양은 온도에 따라 달라져요. 온도가 높아질수록 공기가 포함할 수 있는 수증기의 양을 많아져 증발이 활발하게 일어나요. 반대로 온도가 낮아지면 공기 중 수증기의 양도 적어져 증발이 잘 일어나지 않게 되죠.

포화 수증기량과 이슬점

증발은 끝없이 일어나는 것이 아니에요. 공기 중에 물이 증발되어 들어 갈 수 있는 수증기의 최대량은 정해져 있어요. 어떤 공기가 수증기를 최대 한으로 포함하고 있는 상태를 포화 상태라고 해요. 불포화 상태에서는 물 표면에서 공기로 들어가는 물 분자가 더 많아서 증발 현상이 일어날 수 있 지만, 포화 상태가 되면 물 표면과 공기로 들어가고 나가는 물 분자의 양 이 같아서 더 이상 증발이 일어나지 않게 돼요.

이처럼 어떤 공기가 최대한 포함할 수 있는 포화 상태 공기 1kg에 들어 있는 수증기의 양을 g으로 나타낸 것을 포화 수증기량이라고 해요. 포화 수증기량은 기온이 높을수록 많아져요. 기온에 따른 포화 수증기량은 다 음 그래프처럼 나타낼 수 있어요.

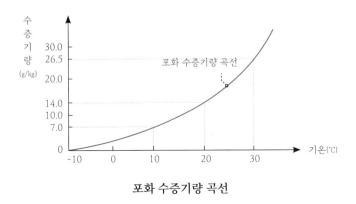

포화 수증기량 곡선

기온이 10℃인 공기의 포화 수증기량은 7.0g/kg이고, 기온이 20℃인 공기의 포화 수증기량은 14.0g/kg, 30℃에서는 26.5g/kg입니다. 즉, 공기 1kg이 포함할 수 있는 최대의 수증기량이 10℃에서는 7.0g, 20℃에서는

14.0g, 30℃에서는 26.5g이라는 뜻이에요.

여기에 20℃에서 포화된 공기가 있다고 가정해 볼게요. 이 공기가 온도가 낮아져 10℃가 되면 10℃에서의 포화 수증기량은 7.0g/kg이므로, 이 공기 1kg에는 최대 7.0g만 수증기 상태로 있을 수 있어요. 그러면 20℃에서 수증기로 있었던 14.0g 중 일부는 물방울로 변해요. 남은 7.0g은 물방울로 변해 차가운 물질 표면에 달라붙거나 하늘에 떠 있는 안개, 구름이 돼요.

이처럼 수증기의 온도가 낮아져 물방울로 변하는 현상을 응결이라고 해요. 또한 불포화 상태인 공기가 냉각되어 기온이 계속 낮아지면 어느 온도에 이르러 공기가 포화 상태가 되고 응결이 시작되는 온도가 있는데, 이슬이 만들어지는 이 온도를 이슬점이라고 해요.

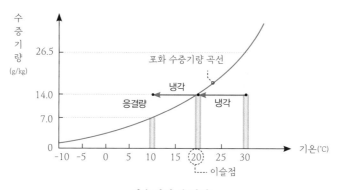

이슬점과 응결량

위 그래프처럼 기온이 30℃인 공기 1kg에 포함된 수증기량이 14g이라면 불포화 상태이므로 응결이 일어나지 않아요. 이 공기의 온도가 내려가 냉각되어 20℃가 되면 포화 상태가 되어 응결이 시작돼요. 이때의 온도

20℃를 이 공기의 이슬점이라고 해요.

만약 기온이 더 낮아져 10℃가 되면 이 공기는 계속 응결이 일어나고, 물로 변한 응결량은 10℃의 포화 수증기량인 7.0g보다 많은 수증기량, 즉 현재 수증기량에서 포화 수증기량을 뺀 양인 7.0g이에요.

여름에 시원한 냉장고에서 차가운 음료수를 꺼내 컵에 따르면 컵 표면에 물방울이 맺히는 것을 볼 수 있어요. 이것은 컵 주변의 수증기가 차가운 컵 때문에 온도가 낮아지면서 물방울로 응결된 거예요. 욕실에서 더운 물로 샤워하고 나오면 벽면이나 천장에 물방울이 맺히는 것도 수증기의 응결이에요. 새벽에 풀잎에 이슬이 맺히는 것, 겨울철 실내에 들어왔을 때 안경에 김이 잘 서리는 것 역시 수증기의 응결로 생기는 현상이에요.

이와 같이 지표와 대기 중에서는 쉴 새 없이 증발과 응결이 일어나고, 이 때문에 다양한 변화가 나타나요.

이것만은 알아 두세요

1. **포화 상태** 공기에 수증기가 최대한으로 포함된 상태
2. **포화 수증기량** 포화 상태 공기 1kg 속에 들어 있는 수증기의 양을 g으로 나타낸 것으로, 기온이 높을수록 커진다.
3. **이슬점** 공기 중의 수증기가 응결을 시작하는 온도

풀어 볼까? 문제!

1. 다음 그림은 기온과 포화 수증기량의 관계를 나타낸 것이다.

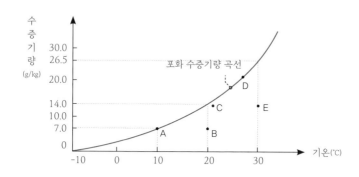

(1) A~E 중 포화 수증기량이 가장 큰 것은 무엇일까?

(2) A~E 중 이슬점이 가장 높은 것은 무엇일까?

(3) 공기 C가 냉각되어 10℃가 될 때의 응결량은 얼마나 될까?

정답

1. (1) E, (2) D, (3) 7.0g

5. 공기의 습한 정도는 어떻게 나타낼까?

여름 장마철이 되면 비가 많이, 계속 내려요. 비가 계속 내리면 습해지죠? 이렇게 습하면 빨래 말리는 것도 힘들어요. 빨래가 말라도 꿉꿉한 냄새 때문에 곤란하기도 해요. 그래서 비가 많이 오는 장마철에 가장 인기있는 가전제품이 빨래 건조기예요. 겨울철에는 공기가 건조해져 산불이 많이 나요. 그 이유는 기온이 낮아지면서 증발량이 줄어들어 공기 중에 수증기량이 적어지기 때문이에요.

'습하다', '건조하다'라고 표현하는 습도는 우리 생활과 아주 밀접한 관계가 있어요. 습도가 너무 높으면 피부가 끈적끈적해서 불쾌하고, 너무 건조하면 감기나 여러 가지 호흡기 질환에 시달리고 피부에도 좋지 않죠.

습하고 건조한 것을 이야기할 때는 습도 몇%라는 말을 썼어요. 이때 습도는 상대 습도입니다. 상대 습도는 현재 기온의 포화 수증기량에 대한 현재 수증기량의 비를 백분율(%)로 나타낸 거예요.

$$상대 \ 습도(\%) = \frac{현재 \ 공기 \ 중의 \ 실제 \ 수증기량(g/kg)}{현재 \ 기온에서의 \ 포화 \ 수증기량(g/kg)} \times 100$$

상대 습도가 높다는 것은 현재 기온의 공기에 최대로 포함할 수 있는 수증기량과 비교해 공기 중에 수증기량이 많다는 뜻이고, 상대 습도가 낮다는 것은 공기 중에 수증기량이 적다는 뜻이에요. 상대 습도는 공기 중의 수증기량과 기온에 영향을 받아요. 다음 그림 같이 공기 중에 수증기량이 많아지면 상대 습도는 높아져요. 또한 수증기량은 변하지 않아도 기온이 낮아지면 상대 습도가 높아져요.

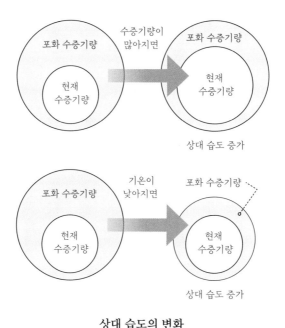

상대 습도의 변화

포화 상태일 때 상대 습도는 100%로, 보통 비 오는 날의 습도예요. 하루 중에도 상대 습도는 자주 변해요. 기온과 관련 있기 때문이죠. 기온이 높아지는 낮에는 상대 습도가 낮아지고, 기온이 낮아지는 밤이나 새벽에는 상대 습도가 높아지거든요.

상대 습도는 습도계로 측정해요. 요즘에는 디지털 습도계를 많이 사용하지만, 예전에는 사람의 머리카락이 습도에 따라 길이가 달라지는 것을 이용해 모발 습도계를 사용하기도 했어요. 모발 습도계를 만든 사람은 레오나르도 다 빈치예요. 사람의 모발은 건조할 때보다 젖었을 때 2% 정도 길이가 늘어난다고 해요. 이런 특성을 이용해 머리카락 한쪽은 고정시키고 다른 쪽은 바늘 끝에 묶어서 머리카락 길이가 변하면 바늘이 돌아가게 만들었어요.

이것만은 알아 두세요

1. 상대 습도(%) = $\dfrac{\text{현재 공기 중의 실제 수증기량}(g/kg)}{\text{현재 기온에서의 포화 수증기량}(g/kg)} \times 100$

2. 상대 습도는 기온이 일정할 때 수증기량이 많을수록 높아지고, 수증기량이 일정할 때는 기온이 낮을수록 높아진다.

풀어 볼까? 문제!

1. 이슬점이 일정할 때, 기온이 낮아지면 상대 습도는 ( )아지고, 기온이 높아지면 상대 습도는 ( )아진다. 빈 칸에 알맞은 말을 써 보자.

2. 20℃ 공기 10kg 중에 70g의 수증기가 들어 있다. 이 공기의 상대 습도는 얼마일까?(단, 20℃ 공기의 포화 수증기량은 14.0g/kg이다)

정답

1. 높, 낮

2. 50%

6. 구름은 무엇으로 이루어져 있을까?

  새파란 하늘에 솜사탕처럼 푹신푹신해 보이는 구름을 본 적 있을 거예요. 구름도 사실 물로 이루어져 있어요. 손을 뻗으면 금방이라도 만져질 것 같은 구름이 하늘에 떠 있는 작은 물방울이라고요? 너무 신기하지 않나요? 이번에는 대기 중의 물의 신비한 세상으로 떠나 봐요.

구름의 생성

  구름은 공기 중에서 응결한 작은 물방울이 공기 중에 떠 있는 거예요. 구름 속 물방울은 다시 수증기로 변하거나, 수증기가 다시 응결하면서 새로운 물방울을 만들어요. 그래서 구름의 모양은 시시때때로 달라져요.

  구름의 모양을 보면 대체로 아래쪽 면은 편평한 모습을 하고 있어요. 아래쪽이 새로 막 만들어지는 뭉게구름을 보면 이런 모습이 더 잘 보여요. 구름의 아래쪽 면이 더 편평한 이유는 구름이 만들어지는 과정과 관련이 있어요.

  구름은 공기 덩어리가 상승할 때 만들어져요. 공기 덩어리는 태양열에 가열되어 주변보다 온도가 높아지거나 높은 산을 넘어갈 때 상승해요. 이렇게 상승한 공기 덩어리는 높이 올라갈수록 주변에서 누르는 기압이 낮아져 부피가 늘어나게 돼요. 스펀지를 꽉 누르고 있다가 힘을 빼면 찌그러졌던 스펀지가 원래 크기로 돌아오는 것과 같아요.

부피가 늘어난 공기 덩어리는 가벼워져서 더 높이 상승하게 돼요. 그리고 상승할수록 주변 기압은 더 낮아지기 때문에 공기 덩어리의 부피는 더 늘어나지요. 그렇게 공기 덩어리의 부피가 아주 많이 커지게 되면 내부의 공기 분자들의 에너지가 부피를 늘리는 데 쓰이게 되어 결국 내부의 온도가 낮아지게 돼요. 온도가 낮아지면 공기 덩어리 속에 있는 수증기가 포화 상태가 되어 이슬점에 도달하게 되고, 응결이 일어나 물방울이 만들어져요. 이 물방울은 작아서 공기 중에 떠 있게 되고, 바로 구름이 되는 거예요.

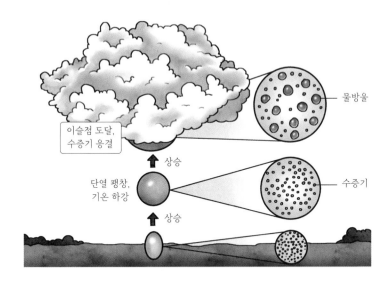

공기 덩어리가 팽창하면 내부의 온도가 낮아져 응결이 일어난다는 것이 쉽게 이해가 되지 않죠? 자, 실험으로 보여 드릴게요.

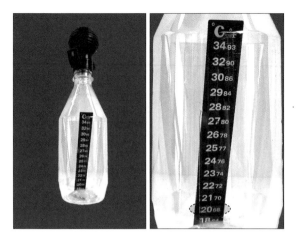

① 페트병에 약간의 물과 액정 온도계를 넣은 후 간이 기압 장치가 달린 뚜껑을
닫고 온도를 측정합니다.

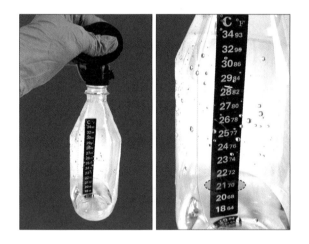

② 간이 기압 장치를 여러 번 누르면, 페트병 내부는 더 투명해지고 온도는 처
음보다 올라가는 것을 볼 수 있어요.

③ 뚜껑을 열면, 페트병 내부가 순간적으로 잠시 뿌옇게 흐려지고, 기온이 내려
가는 것을 볼 수 있어요.

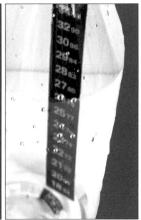

④ 변화를 좀 더 잘 보기 위해 향 연기를 넣어주고 뚜껑을 닫은 채 간이 기압 장
치를 여러 번 눌렀다 뚜껑을 열어요. 페트병 내부가 더 뿌옇게 흐려졌다 맑
아지는 걸 관찰할 수 있어요.

이 실험에서 향 연기와 같이 구름 속에서도 응결을 돕는 것을 물질을 응결핵이라고 해요. 응결핵 주위로 수증기가 더 잘 붙어 응결이 잘되면 구름이 더 잘 만들어져요. 보통 응결핵은 바다에서 만들어진 소금 입자, 화산재, 먼지 등이에요. 비가 오지 않을 때 인공적으로 응결핵을 뿌려주면 응결이 잘 되어 구름이 만들어지고 비가 오지 않을까 생각하여 인공강우에 대한 연구도 활발하게 이루어지고 있어요.

간이 기압 장치의 펌프를 누른 후 뚜껑을 열면 페트병 내부의 기압은 낮아지고 공기가 팽창하면서 내부의 온도가 낮아져요. 이처럼 물체가 외부와 열을 주고받지 않고 부피가 팽창하는 것을 단열 팽창이라고 하는데, 공기가 단열 팽창하면 기온은 낮아져요. 간이 기압 장치의 뚜껑을 열었을 때 페트병 내부가 뿌옇게 흐려지는 것은 단열 팽창으로 기온이 낮아져 응결이 일어났기 때문이에요.

공기 덩어리가 상승하면 단열 팽창으로 기온이 낮아지고 이슬점 이하가 되면 수증기가 응결하여 물방울이 되는데, 이러한 물방울이 모여 하늘에 떠 있는 구름이 돼요. 구름의 아래쪽 면이 편평한 이유도 공기 덩어리가 상승하여 이슬점에 도달하는 높이에서 한꺼번에 응결이 일어나 구름이 만들어지기 때문이에요.

구름은 공기가 상승할 때 만들어져요. 보통 다음 그림과 같은 네 가지 경우가 있어요.

가열된 곳

지표면이 강하게 가열될 때

공기가 한군데로 모여들 때

저기압

저기압

공기가 산을 타고 오를 때

찬 공기   따뜻한 공기

저기압   저기압

따뜻한 공기와 찬 공기가 만날 때

  공기의 상승 운동이 활발하면 더 높은 적운형 구름이 만들어지고, 상승 운동이 약할 때는 주로 옆으로 퍼져 나가는 층운형 구름이 만들어져요.

  구름의 최고 높이는 약 12km 정도로, 대류권계면까지 만들어져요. 구름의 색은 흰색이 대부분이지만 검은색이나 회색도 있어요. 흰 구름은 구름의 물방울들에 태양빛이 모두 반사, 굴절되어 흰색을 띠는 거예요. 검은 구름은 물방울 입자들이 너무 크고 양도 많아 태양빛을 반사하지 않고 흡수해서 검게 보이는 거죠. 이런 검은 구름은 곧 비가 올 가능성이 큰 구름으로, 먹구름 또는 비구름이라고 해요.

비와 눈의 생성

우리는 경험을 통해 맑았던 하늘이 어두워지고 구름이 검은색으로 변해가면 비가 온다고 알고 있죠. 실제로 비는 어떻게 내리는 것일까요?

비가 내리는 과정은 두 가지 이론으로 설명할 수 있어요. 먼저 중위도나 고위도 지방에서 내리는 비나 눈은 보통 구름 속의 수증기가 얼음 알갱이에 달라붙고, 이 얼음 알갱이가 성장하여 만들어져요. 성장한 얼음 알갱이가 지표면까지 그대로 내리면 눈이 되고, 떨어지는 과정에서 녹으면 비가 돼요.

저위도 열대 지방에서는 구름 속 물방울들이 서로 충돌하여 만들어진 큰 물방울이 떨어져 비가 돼요. 그래서 중위도나 고위도에서 내리는 비는 차가운 비, 저위도에서 내리는 비를 따뜻한 비라고 부르기도 해요.

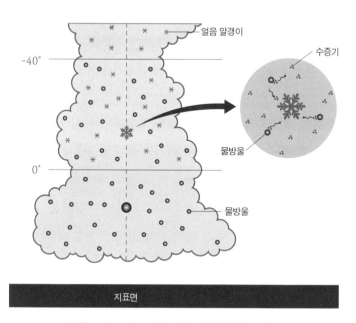

중위도나 고위도 지방에서 비가 내리는 과정

한편 상승 기류가 강한 구름에서는 성장한 얼음 알갱이가 상승 운동과 하강 운동을 반복하면서 성장하여 커다란 얼음 알갱이로 성장하면 커다란 우박으로 떨어지기도 해요.

구름은 항상 하늘에 떠 있는 것일까요? 꼭 그렇지는 않아요. 구름은 결국 비가 되어 지상에 내리고, 이 비는 강이나 호수, 바다로 되돌아가 그곳에서 다시 태양 에너지에 의해 증발되어 공기 중의 수증기로 되돌아가요. 그리고 또 구름이 만들어지죠.

즉, 물은 보이는 물(비, 눈, 강, 호수, 바다 등)과 보이지 않는 물(수증기, 구름 속 물방울)로 모습을 계속 바꾸며 끊임없이 순환하고 있어요. 이런 과정이 물의 순환이라고 해요. 물의 순환 과정을 통해 지구의 열적 균형이 이루어지며, 그 과정에서 여러 가지 기상 현상이 일어나게 되는 겁니다.

1. **단열 팽창** 공기 덩어리가 외부와 열을 주고받지 않고 부피가 팽창하는 것

2. 구름의 생성 과정

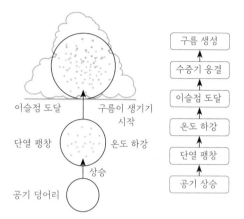

3. **강수 과정** 구름 속의 물방울이 커져 비가 되거나, 구름 속의 수증기가 얼음 알갱이

　에 달라붙어 얼음 알갱이가 커져 눈이나 비가 내린다.

풀어 볼까? 문제!

1. 다음은 구름이 만들어지는 과정이다. 빈칸에 알맞은 말을 써 보자.

> 공기의 상승 → (①) → 온도 하강 → (②) 도달 → 수증기 응결 → 구름
> 생성

2. 다음 그림은 구름이 발생하는 원리를 알아보는 실험 모습이다.

뚜껑을 열었을 때 페트병 안의 변화에 대한 설명 중 옳지 않은 부분을 찾아 바르
게 고쳐 써 보자.

> 페트병 뚜껑을 열면 내부 기압이 낮아지고 단열 팽창하여 기온은 상승하며,
> 이슬점에 도달하여 응결이 일어나 뿌옇게 흐려진다.

정답

1. ①: 단열 팽창, ②: 이슬점

2. (기온은) 상승 → 하강

7. 바람은 기압의 차이로 부는 거야

공기의 힘은 어마어마해요. 아주 커다란 드럼통이 진공 상태에서 찌그러지는 것도 공기의 힘이에요. 지표면에서 가해지는 공기의 힘은 1t 무게의 자동차가 누르는 힘과도 같아요. 사실 알고 보면 우리는 지구에서 항상 머리 위에 1t 자동차를 얹고 다니는 것과 같았네요.

지상에서는 공기의 압력을 느끼지 못해요. 하지만 높은 산에 올라가거나 비행기를 타고 높은 곳에 올라가면 우리 몸은 압력의 변화를 느껴요. 비행기를 타 본 적이 있다면, 귀가 멍멍해지는 경험이 있을 거예요.

기압

공기의 압력을 기압이라고 해요. 기압을 처음 측정한 사람은 이탈리아의 과학자 토리첼리예요. 토리첼리가 살던 17세기 이탈리아는 광석을 캐는 일이 매우 중요했어요. 그리고 이를 위해서는 갱도의 물을 빼내는 작업이 꼭 필요했어요. 그런데 어떤 진공 펌프로도 수면에서 10m 이상 물을 끌어올릴 수 없었죠. 당시 사람들은 그 이유를 설명하지 못했어요.

토리첼리는 한쪽 끝이 막혀 있는 길이 1m의 유리관에 수은을 가득 채

우고 그 유리관을 수은이 담긴 그릇에 거꾸로 세웠어요. 그러자 유리관 안에 있던 수은이 수은 그릇의 수면으로부터 76cm 되는 높이까지 내려오다가 멈추어 섰어요.

이것은 그릇 안의 수은 면에 작용하는 두 개의 힘, 즉 수은 기둥 76cm의 무게와 대기가 수은 면을 누르는 힘(기압)이 같아졌기 때문이에요. 이 사실로부터 대기압은 수은 기둥 76cm가 누르는 압력과 같다는 것을 알게 되었어요. 수은 대신 물을 사용하면 그 높이가 10m가 된다는 것도 알게 되었죠. 이렇게 진공 펌프를 이용해서 물을 10m 이상 끌어올릴 수 없는 까닭이 밝혀지게 된 거예요.

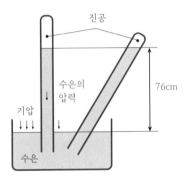

수은 기둥 76cm에 해당하는 대기의 압력을 1기압이라고 하며, 이것은 우리가 살고 있는 지표면의 기압이에요. 1기압은 1,013hPa(헥토파스칼)에 해당해요. 기압의 단위는 압력 단위인 hPa를 사용해요. 1hPa는 $1m^2$의 면적에 100N의 힘이 작용할 때의 압력과 같아요. 1,013hPa은 엄청나게 큰 힘이죠?

1기압 = 1,013 hPa = 76cmHg

기압은 높이에 따라 변해요. 높이 올라갈수록 공기 기둥의 높이가 작아지고 공기의 밀도도 낮아지기 때문에 기압이 급격히 줄어들어요. 지표에서 5.5km 높이에는 기압이 지표 기압의 절반밖에 되지 않고, 대류권계면 근처인 12km 높이에서는 기압이 지표에 1/5밖에 되지 않죠. 전체 대기의 약 4/5는 지상에서 12km 범위 안에 존재한다는 거예요.

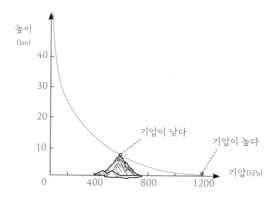

기압은 앞에서 얘기했듯이 아주 힘이 세요. 우리가 팩에 든 음료수를 빨대로 쪽쪽 빨아먹고 나면, 팩 안의 공기의 양은 적어지고 외부의 힘이 상대적으로 커져 팩이 금방 찌그러드는 것을 볼 수 있어요. 사방으로 찌그러드는 팩의 모양만 봐도 기압이 모든 방향으로 작용한다는 것을 알 수 있죠.

이런 기압의 힘을 이용한 편리한 생활 도구들도 많아요. 먼지를 빨아들이는 진공청소기, 음료수를 마실 때 사용하는 빨대 등이 기압 차를 이용한 도구들이에요.

바람

바람은 공기의 흐름이에요. 그럼 바람은 왜 불까요? 바로 기압 차 때문이에요. 기압이 높은 곳에서 낮은 곳으로 공기가 이동하는 것이 바람이에요.

바람은 양면성이 있어요. 5월의 라일락 꽃향기를 싣고 부는 바람이나 여름철에 시원하게 불어 땀을 식히는 바람은 우리를 행복하게 하죠. 하지만 태풍이나 토네이도 같은 강풍은 우리에게 큰 피해를 주기도 해요. 《오즈의 마법사》에 나오는 회오리바람은 사람을 날려 멀리 보내는 강풍, 토네이도예요. 해마다 미국에서는 토네이도로 인한 피해가 발생해요. 우리나라에도 해마다 태풍에 동반된 강풍으로 유리창이 깨지거나 지붕이나 간판이 날아가는 피해가 발생하죠.

그렇다면 기압의 차이가 생기는 이유는 무엇일까요? 다음 페이지의 그림을 같이 볼게요. 인접한 지역에서 지표면의 온도 차이가 생기면 온도가 높은 곳은 공기가 팽창하면서 상승하여 주변으로 퍼져 나가고 기압이 낮아져요. 또한 온도가 낮은 곳은 공기가 수축하면서 하강하고, 상공에서 주변의 공기가 모여들어 기압이 높아져요. 그 결과 지상에서는 기압이 높은 곳에서 낮은 곳으로 바람이 불게 돼요.

고기압과 저기압은 수치로 정한 것이 아니라, 주변보다 기압이 높으면 고기압이고 주변보다 기압이 낮으면 저기압인 거예요. 상대적인 개념이죠. 예를 들어 1,013hPa보다 높은 1,020hPa이면 고기압이에요. 주변 공기의 기압이 1,020hPa보다 높으면 1,020hPa도 저기압이 될 수 있어요.

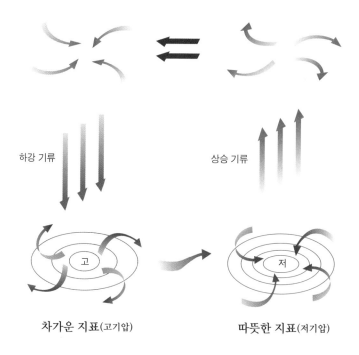

하강 기류

상승 기류

차가운 지표(고기압)　　　**따뜻한 지표**(저기압)

　고기압은 바람이 시계 방향으로 불어나가고, 중심에서는 공기가 위에서 아래로 이동하는 하강 기류가 생겨나 아주 맑은 날씨가 나타나요. 이와 달리 저기압은 바람이 반시계 방향으로 불어 들어오면서, 중심에는 공기가 위로 상승하는 상승 기류가 생겨 구름이 많은 날씨가 됩니다. 고기압과 저기압의 바람의 방향은 북반구 기준으로 얘기했어요. 남반구는 이와 반대로 불어요.

　가끔 "오늘 기분 저기압이야⋯."라고 말할 때가 있죠. 이때 저기압은 맘이 힘들고 조심해야 하는 상태를 뜻해요. 아마 저기압일 때 흐리고 비가 오는 궂은 날씨가 되기 때문에 이런 표현을 쓰는 것 같아요.

지속적으로 부는 바람

바람 중에는 특정한 계절이나 장소에서만 늘 부는 형태도 있어요. 해륙풍은 낮에는 육지 쪽으로 불어오는 바다의 찬 공기가 바람이 되어 부는 것과 밤이 되면 차가워진 육지의 공기가 바다 쪽으로 부는 바람을 말해요.

낮에는 육지와 바다가 같은 양의 태양 복사 에너지를 받지만, 육지가 바다보다 빨리 데워지기 때문에 육지에서 공기가 상승하여 저기압이 되고 바다가 고기압이 돼요. 그러면 바다에서 육지로 해풍이 불어요. 밤에는 육지가 바다보다 빨리 냉각되기 때문에 육지에서 하강 기류 고기압, 바다는 저기압이 되어요. 그러면 육지에서 바다로 육풍이 불어요. 이렇게 낮밤으로 해풍과 육풍이 바뀌며 부는 바람을 해륙풍이라 불러요.

낮에 해풍이 부는 원리

밤에 육풍이 부는 원리

계절풍은 해류풍과 같은 원리로 대륙과 해양 사이에 부는 커다란 규모의 바람이에요. 여름에는 해양보다 대륙이 빨리 가열되므로 해양 쪽에서 바람이 불어와요.

우리나라는 여름에 북태평양에서 발달한 고기압에서 남동 계절풍이 불어오죠. 겨울에는 이와 반대로 대륙이 해양보다 빨리 냉각되므로 대륙 쪽에서 바람이 불어와요. 우리나라는 겨울에 시베리아에서 발달한 북서계절풍이 불어온답니다.

여름철(남동 계절풍)

겨울철(북서 계절풍)

바람은 매일 복잡하게 불어요. 하지만 실제로는 간단하게 설명이 되어요. 기압차에 의해서 부니까요. 바람을 일컫는 예쁜 이름도 있어요. 동풍은 샛바람, 서풍은 하늬바람, 남풍은 마파람, 북풍은 높바람이라고 불어요.

이것만은 알아 두세요

1. **기압** 공기에 의한 압력, 1기압은 76cm 높이의 수은 기둥의 압력과 같다.

2. **바람** 기압이 높은 곳에서 낮은 곳으로 공기가 이동하는 현상

3. **고기압과 저기압** 주변보다 기압이 높으면 고기압, 기압이 낮으면 저기압이다.

4. 고기압에서는 하강 기류에 의해 날씨가 맑고, 저기압에서는 상승 기류에 의해 구름이 생기고 날씨가 흐리다.

풀어 볼까? 문제!

1. 다음 빈칸에 들어갈 말을 써 보자.

1기압은 높이 약 (①)cm의 (②) 기둥이 누르는 압력과 같다.

2. 다음 그림에서 지표면 부근에서 부는 바람의 방향을 화살표로 그려 보자.

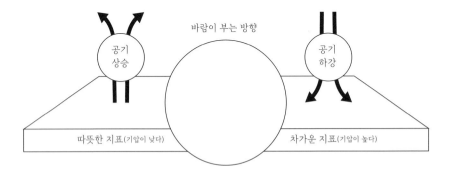

정답

1. ①: 76, ②: 수은

2. ←

8. 성질이 다른 공기 덩어리가 만날 때

"오늘 밤까지 내륙을 중심으로 요란한 소나기가 지나는 가운데 점차 장마 전선도 북상하겠습니다. 오늘 밤 서울과 경기 서해안을 시작으로 내일 새벽에는 중부지방으로도 비가 확대되겠는데요. 내일 새벽에 집중호우가 예상되는 만큼 대비를 단단히 해주셔야 하겠습니다."

일기 예보에서 장마 전선이라는 말을 하는 것을 들은 적이 있을 거예요. 전선은 일기에서 많이 쓰는 표현이에요. 이제부터 전선이 무엇인지 정확하게 알아보아요.

기단

커다란 공기 덩어리가 큰 대륙이나 바다, 사막과 같은 넓은 지역에 오랫동안 머물러 있으면 온도와 습도 같은 성질이 균일해지는데, 이를 기단이라고 해요. 기단은 오랫동안 한 지역에 머물러 있으면서 그 세력이 확장되기도 하고 축소되기도 해요. 기단이 형성된 곳과 성질이 다른 곳으로 이동하면 기온과 수증기량이 달라져 성질이 변하면서 날씨 변화를 일으키기도 해요.

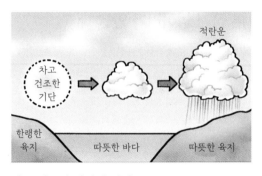

차고 건조한 기단의 변질

우리나라 주변의 기단

우리나라는 크게 4개의 기단의 영향을 받아요. 봄과 가을에는 양쯔강 기단, 여름에는 북태평양 기단, 겨울에는 시베리아 기단이 우리나라에 영향을 줘요. 오호츠크해 기단은 북태평양 기단과 세력을 견주어 가면서 장마 전선을 형성하죠.

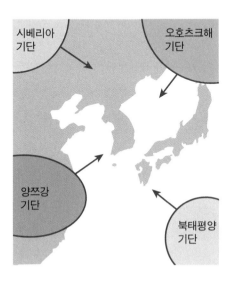

기단은 형성된 지역의 온도와 습도를 닮아요. 양쯔강 기단은 대륙에서 발달해 온난하고 건조하며, 오호츠크해 기단은 추운 바다에서 발달해 온도가 낮고 습해요. 북태평양 기단은 바다에서 발달해 온도가 높고 습해요. 고온 다습하다고 표현하죠. 시베리아 기단은 추운 대륙에서 발달해 온도가 낮고 건조해요. 한랭 건조라고 하죠.

양쯔강 기단이 우리나라에 영향을 줄 때는 따뜻하고 건조한 날씨가 되고, 오호츠크해 기단이 영향을 줄 때는 동해안 지역에서 서늘하고 습한 날이 자주 나타나요. 북태평양 기단이 영향을 줄 때는 덥고 습한 여름철의 대표적인 날씨가 나타나고, 시베리아 기단이 영향을 줄 때는 춥고 건조한 겨울철의 대표적인 날씨가 나타나게 돼요.

전선

서로 성질이 다른 기단이 만나면 어떻게 될까요? 기단은 성질이 달라서 금방 섞이지 않고 경계면을 만드는데, 이를 전선면이라고 해요. 전선면과 지표면이 만나는 경계선은 전선이라고 하죠. 전선을 경계로 기온, 습도, 바람 등이 크게 달라져요.

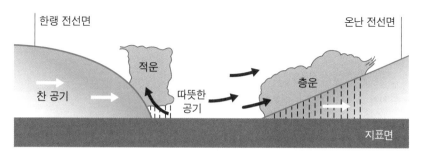

온난 전선과 한랭 전선

찬 기단이 따뜻한 기단 쪽으로 이동하면 찬 기단이 따뜻한 기단 밑을 파고들어 따뜻한 기단을 밀어 올려요. 이때 만들어지는 전선이 한랭 전선이에요. 한랭 전선에서는 경사가 급한 전선면이 생기고, 전선면을 따라 따뜻한 공기가 빠르게 상승하여 수직으로 발달하는 적운형 구름이 생겨 좁은 지역에 소나기가 내리는 경우가 많아요.

반면 따뜻한 기단이 찬 기단 쪽으로 이동하면 따뜻한 기단이 찬 기단을 타고 올라가면서 상대적으로 경사가 완만한 전선면이 만들어져요. 이때 만들어진 전선을 온난 전선이라고 해요. 경사가 완만한 전선면을 따라 따뜻한 공기가 느리게 상승하므로 수평으로 넓게 퍼진 층운형 구름이 잘 생기고, 넓은 지역에 지속적으로 비가 내리는 경우가 많아요.

이것만은 알아 두세요

1. **기단** 넓은 지역에 오랫동안 머물러 있으면 온도와 습도 같은 성질이 균일한 공기 덩어리
2. 우리나라에 영향을 주는 기단
   여름 북태평양 기단
   겨울 시베리아 기단
3. **전선** 성질이 다른 두 기단이 만나 생기는 경계면은 전선면이라고 하고, 전선면이 지표면과 만나는 경계선을 전선이라고 한다.

풀어 볼까? 문제!

1. 다음 그림은 우리나라에 영향을 주는 기단을 나타낸 것이다.

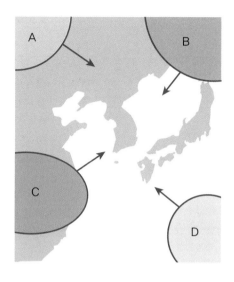

(1) A∼D에 해당하는 기단의 이름을 써 보자.

(2) 차고 건조하며 우리나라 겨울철에 영향을 주는 기단을 그림에서 찾아 기호로 써 보자.

(3) 따뜻하고 습하며 우리나라 여름철에 영향을 주는 기단을 그림에서 찾아 기호로 써 보자.

2. 다음은 어떤 전선과 전선면을 나타낸 것이다. 이 전선의 이름을 쓰시오.

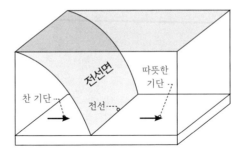

정답

1. (1) A: 시베리아 기단, B: 오호츠크해 기단, C: 양쯔강 기단, D: 북태평양 기단

   (2) A

   (3) D

2. 한랭 전선

9. 우리나라 날씨는 다양하게 나타나

우리나라엔 날씨와 관련된 속담이 많아요. 사계절이 있고 다양한 날씨의 영향을 받아 그래요. 얼마나 많은지 한번 볼까요?

서쪽 하늘에 햇무리가 생기면 비가 온다.

제비가 지면 가까이 날면 비가 내린다.

가루눈이 내리면 추워진다.

밤하늘이 유난히 맑으면 큰 서리가 내린다.

겨울에 눈이 많이 오면 풍년이 든다.

가랑비에 옷 젖는 줄 모른다.

가루 팔러 가니 바람이 불고, 소금 팔러 가니 이슬비 온다.

가을바람이 새털

개미가 거동하면 비가 온다.

곡우에 가물면 땅이 석 자가 마른다.

마파람에 게 눈 감추듯

이 중에 아는 속담이 있나요? 이 중에서 특히 '마파람에 게 눈 감추듯' 이란 속담이 재밌네요. 마파람은 남풍을 말해요. 남풍이 불면 대개 비가 오므로 남풍만 불면 게가 겁을 먹고 눈을 빨리 감춘다는 뜻이에요. 이 속 담은 음식을 언제 먹었는지 모를 만큼 빨리 먹어 치울 때 사용해요.

우리나라 날씨에 영향을 주는 고기압과 저기압

고기압과 저기압에서 날씨가 다르다는 건 앞에서 이야기했어요. 고기압 에서는 하강 기류가 생기고, 지표 부근에서는 바람이 주변으로 불어나가 요. 하강 기류에서는 구름이 생기지 않아 맑죠. 반면 저기압에서는 상승 기 류가 생기고, 지표 부근에서는 바람이 주변에서 불어 들어와요. 상승 기류 에서는 구름이 생기고 날씨가 흐려져 비나 눈이 내리기도 해요.

우리나라에 영향을 주는 큰 규모의 고기압에는 시베리아 고기압과 북태 평양 고기압이 있어요. 시베리아 고기압이 우리나라까지 확장되어 영향을 주면 추운 날씨가 돼요. 북태평양 고기압이 우리나라까지 확장되어 영향을 주면 더운 날씨가 되지요. 고기압이 우리나라를 뒤덮으면 비가 내리지 않 는 맑은 날씨가 이어져요.

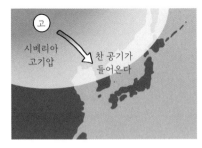

시베리아 고기압의 확장

북태평양 고기압의 확장

우리나라에 영향을 주는 대표적인 저기압에는 온대 저기압과 열대 저기압이 있어요. 온대 저기압은 북쪽의 찬 기단과 남쪽의 따뜻한 기단이 만나는 중위도 지역에 자주 만들어져요. 우리나라가 중위도에 있으니 온대 저기압이 자주 오죠.

온대 저기압의 특징은 전선을 동반한다는 거예요. 오른쪽에 온난 전선, 왼쪽에 한랭 전선이 있어요. 온대 저기압이 통과하는 동안 날씨는 계속 변화하고, 우리나라는 편서풍이 부는 지역이므로 온대 저기압은 서쪽에서 동쪽으로 이동해요.

온대 저기압이 통과하기 전은 C 지역이에요. 온대 저기압이 동쪽으로 이동하므로 우리나라는 B와 같은 날씨가 될 거예요. 시간이 지나면 더 동쪽으로 온대 저기압이 이동하여 A와 같은 날씨가 돼요. 즉, C→B→A 순서로 날씨가 변해요.

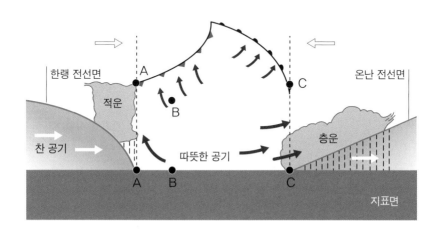

온대 저기압 통과 전(C)일 때는 층운형의 구름이 나타나고 넓은 지역에서 지속적으로 약한 비가 내려요. 온난 전선이 통과한 후(B)일 때는 남동풍이 불고 대체로 맑고 따뜻한 날씨가 돼요. 시간이 지나 한랭 전선이 통과하면(A) 적운형의 구름이 끼고 소나기나 강한 비가 내린 후 추워져요.

온대 저기압이 만들어지는 과정을 그림으로 표현하면 다음과 같아요.

전선 형성

파동 형성

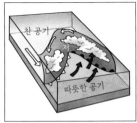
온대 저기압 발달

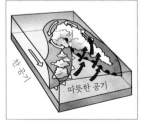
폐색 시작

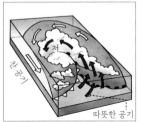
폐색 전선 발달

온대 저기압 소멸

고위도에 찬 공기, 저위도에 따뜻한 공기 있는데, 반시계 방향으로 회전하면서 온대 저기압이 만들어져요. 차가운 공기가 아래쪽으로 더 빨리 이동하여 전선이 합쳐지는 폐색 전선이 만들어지기 시작해요. 시간이 지나면 아래 지표 부근은 찬 공기, 위쪽 상공에는 따뜻한 공기가 있는 상태가 되면서 온대 저기압이 소멸해요.

우리나라에 가끔 찾아오는 열대 저기압도 있어요. 열대 저기압의 다른 이름은 태풍이에요. 태풍은 위도 5~25° 정도 되는 열대 바다에서 수온이 약 27℃ 이상일 때 만들어져요. 태풍은 강한 상승 기류 때문에 많은 구름과 비, 강풍을 동반해요.

인공위성에 찍은 태풍의 모습을 보면, 어마어마한 구름의 소용돌이가 보이고 중심에는 구멍이 있어요. 이것을 태풍의 눈이라고 해요. 태풍이 눈을 중심으로 반시계 방향으로 돌면서 아주 두꺼운 구름의 벽을 만들어요. 또 초속 18m가 넘는 빠른 바람을 만들어 내기 때문에 지상에서는 강력한 바람과 집중 호우 등이 나타나 가옥들이 파괴되는 일이 벌어집니다. 태풍은 무시무시하지만 그 중심인 태풍의 눈에서는 오히려 하강 기류가 생겨 날씨가 맑고 바람이 약해지기도 해요.

태풍은 발생한 열대 바다에 따라 이름이 달라요. 북대서양과 북태평양에서 만들어진 것은 허리케인, 인도와 오스트레일리아 해역에서 만들어진 것은 사이클론이라 불러요. 이런 태풍들은 발생할 때마다 새로운 이름을 받게 되는데, 아시아 각국에서 이름을 지어 순서대로 붙여줘요.

일기도

입체적인 공기의 흐름을 평면도에 표시하여 앞으로의 날씨 변화를 예상하는 데 도움을 주는 것이 일기도예요. 일기도는 각 기상 관측소에서 측정한 기압, 풍향, 풍속, 구름의 양 등을 지도에 숫자나 기호로 표시하고 등압선을 그려 고기압과 저기압, 전선 등을 나타낸 거예요.

일기도에 표시하는 기상 요소들을 알기 위해서 전국에 흩어져 있는 관측소에서 유인, 무인으로 관측 장비를 이용하거나 기상 위성, 레이더 등을 통해 기상 자료들을 수집해요. 이런 일들은 참으로 많은 노력과 시간이 걸리는 복잡한 일이에요. 이런 과정이 끝나면 이 자료들을 컴퓨터에 입력하여 현재 일기도와 예상 일기도를 만들어요.

이 과정에 슈퍼컴퓨터와 수치 예측 모델이 사용돼요. 이렇게 해서 작성된 예상 일기도를 토대로 해서 기상 예보가 이루어져요. 3시간 예보, 일일 예보, 장기 예보 등으로 나눠 정보가 공개돼요. 기상청 앱이나 홈페이지에도 공개되고, 방송국 등에 통보되어 기상 뉴스로 전해지죠. 또 갑자기 내리는 많은 양의 비나 눈, 강풍 등은 특보를 통해 실시간 방송으로 내보내요.

일기 예보를 보다 보면 강수 확률이 몇 %인지 알려주는 경우가 있어요. 강수 확률은 어떠한 지역에서 일정한 시간 안에 1mm 이상의 비나 눈이 올 확률이에요. 기상청에서는 비나 눈이 내릴 확률을 10% 간격으로 발표하고 있어요. 만약 강수 확률이 30%라면 이 지역의 1년 중 강수 일수가 100회 발표되었을 때, 그 중 30회 이상 1mm 이상의 눈이나 비가 왔다는 것을 뜻해요.

계절별 일기도

우리나라는 계절별로 다른 기압 배치를 나타내요. 일기도를 보고 어떤 계절인지 맞추어 볼까요? 힌트는 '우리나라의 계절별 날씨와 영향을 주는 기단을 생각해 보기'입니다. 봄, 가을, 여름(장마), 여름, 겨울 중에서 골라 봐요.

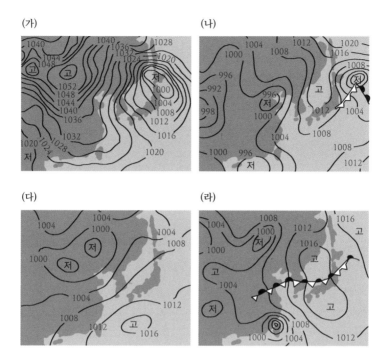

(가)는 북서 시베리아 쪽에 큰 고기압이 있고 등압선 간격이 좁아요. 바람은 고기압에서 저기압으로 부니까 북서쪽에서 차가운 바람이 세게 불겠네요. 정답은 겨울입니다.

(나)는 고기압과 저기압이 번갈아 지나가 날씨가 자주 변하겠어요. 규모가 작은 고기압과 저기압이 번갈아 지나는 것을 이동성 고기압, 이동성 저기압이라고 하며 봄이나 가을에 나타나요. 그래서 (나)의 정답은 봄이나 가을이에요.

(다)는 고기압이 크게 남동쪽 해양에 자리 잡고 있어요. 북태평양 고기압이네요. 북태평양 고기압에서 덥고 습한 바람이 부는 계절은 여름입니다.

(라)는 정체 전선이 우리나라와 일본까지 길게 자리 잡고 있어요. 정체 전선은 세력이 비슷한 두 기단이 한곳에 오래 머물 때 형성되는 거예요. 장마 전선이 정체 전선의 대표적인 예이죠. 장마 전선 아래, 대만 쪽에는 태풍도 있어요. 장마 전선과 태풍이 있으니 여름(장마)이에요.

이것만은 알아 두세요

1. **우리나라에 영향을 주는 고기압** 시베리아 고기압과 북태평양 고기압

2. 우리나라에 영향을 주는 저기압

   온대 저기압 중위도 지방에서 자주 발생, 온난 전선과 한랭 전선을 동반한다.

   열대 저기압 태풍

3. **일기도** 기압, 풍향, 풍속, 구름의 양 등 등압선을 그려 고기압과 저기압, 전선 등을
   나타낸 것

풀어 볼까? 문제!

1. 다음 그림을 보고 A 지역의 현재 날씨를 설명하고 앞으로 어떻게 변할지 예상해 보자.

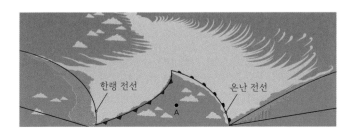

2. 다음 그림은 우리나라 어느 계절의 일기도이다. 어느 계절인지 쓰고 그렇게 생각한 까닭을 설명해 보자.

정답

1. 현재 맑고 따뜻한 날씨이다. 앞으로 적운형 구름이 나타나고 소나기나 강한 비가 내릴 것이다.

2. 겨울, 북서쪽에 큰 고기압이 자리 잡고 있어 북서풍이 우리나라로 불어온다.

아리스토텔레스

너무 답답해

왜 그래?

 아리스토텔레스

기원전 300년대를 사는 그리스 사람들이
내 말을 안 믿어! 지구가 중심이 아니고
태양이 중심이라고 얘기했는데 안 믿어!

 브라헤

나도 안 믿어. 난 너보다
약 1900년이나 후에 태어난 사람이지만
여기도 지구가 중심이라고 믿어

여기는 1838년인데 태양이 중심이라고 믿어

 아리스토텔레스

그치? 내 얘기가 맞다는 걸 알리면
2000년이나 기다려야 하는구나.

 브라헤

요즘엔 코페르니쿠스라는 사람이 태양을
중심으로 지구가 돈다고 하던데 그게 맞다고?
내가 얼마나 별을 열심히 봤는데… 태양이
중심이라면 지구가 6개월 간격으로 별 사이를
이동하는 연주시차가 측정돼야 하는데 아무리
정밀하게 측정해도 별은 항상 그 자리에 있었어!

아리스토텔레스

아니야. 내가 관측하고 계산해 보니
달보다 태양이 400배가 더 크던데
이렇게 무거운 태양이 중심에 있지 않고
지구 주위를 공전하면 이상하잖아

그게 다 시차를 측정할 수 있는 기술이 없어서야
브라헤는 못 믿겠지만 내가 연주시차를 측정했어
망원경을 이용해 백조자리61의 연주시차를 측정했지

브라헤

그랬구나

아리스토텔레스

앗싸!!!

?

알수없음

아깝다. 나도 두 달 뒤에
연주시차를 측정했는데 베셀한테 밀렸넹

＋　　　　　　　　　　　　　　　　　　　　　☺ ＃

1. 별까지의 거리는 어떻게 측정할까?

가로등 하나 없이 어두운 곳에서 밤하늘을 바라본 적이 있나요? 끝을 알수 없는 깜깜한 하늘과 그 수를 헤아릴 수 없는 수많은 별을 보면, 그 별들이 내 얼굴로 쏟아질 것만 같은 착각이 들어요.

별은 하늘에 붙어 있는 것처럼 느껴지지만 실제로는 그렇지 않아요. 지구에서 별까지의 거리는 모두 제각각이에요. 오리온자리의 별들은 지구로부터 거리가 모두 다르지만, 지구로부터 아주 멀리 있고 같은 시선 방향에 있기 때문에 같은 거리에 있는 것처럼 보여요.

시차

별마다 거리가 모두 다르다면, 지구에서 별까지의 거리는 어떻게 측정할수 있을까요? 멀리 있는 곳까지의 거리를 측정하기 위해서는 시차를 이용해요.

자동차가 A 위치에 있을 때 나무 T는 A′ 앞에 있는 것처럼 보이고, B 위치로 가면 나무 T는 B′ 앞에 있는 것처럼 보여요. 이때 두 자동차 위치와 나무 T에 이르는 각 ∠ATB를 시차라고 해요. 시차가 커지면 가까운 물체이고, 시차가 작아지면 멀리 있는 물체인 거예요.

일상생활에서도 시차를 느낄 수 있어요. 시차는 우리의 눈이 2개인 이유와도 관련 있지요. 한쪽 눈을 가리고 걸어 보세요. 깊이나 거리를 잘 느끼지 못해 발을 헛딛거나 넘어질 수도 있어요. 눈이 두 개이기 때문에 두 눈의 시차를 이용하면 거리가 어느 정도 떨어졌는지 금방 알아챌 수 있죠. 또한 입체적으로 물체를 인지하는 것도 두 눈의 시차 때문이에요. 3D 입체 영상은 이런 두 눈의 양안 시차를 이용한 거예요.

연주시차

거리가 멀수록 시차가 작아지는 원리를 이용하면 별까지의 거리를 구할 수 있어요. 별의 시차는 지구의 공전을 이용해 측정해요. 지구는 태양을 중심으로 공전하기 때문에 공전 궤도 상의 반대편에 있는 두 지점에서 최대 시차가 나타나요.

다음 그림과 같이 6개월 간격으로 지구 공전 궤도의 양 끝에서 가까운 별을 관측하면 매우 멀리 있는 별이 배경이 되어 배경별에 대해 일정한 거리를 이동한 것처럼 보여요. 이때 6개월 간격으로 측정한 시차 $\angle E_1 S E_2$ 의 $\frac{1}{2}$ 을 연주시차라고 해요.

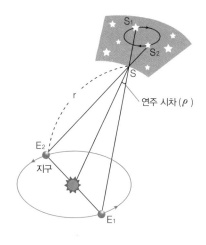

왜 연주라고 할까요? 눈치챘겠지만 연주는 년주(年周)로, 1년간 지구의 공전으로 나타나는 현상이라 이렇게 불러요.

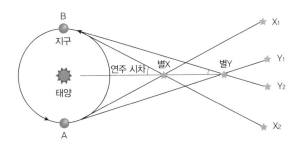

별의 연주시차와 별의 거리

연주시차는 별까지의 거리에 반비례해요. 별까지의 거리가 멀면 더 작아져요. 별X의 연주시차가 별Y의 연주시차보다 커요. 그래서 지구에서 별까지의 거리는 별X가 별Y보다 작아요.

2000년 전 그리스 시대에도 연주시차를 측정해서 지구가 태양을 중심으로 공전하는 증거로 삼으려 했어요. 그러나 맨눈으로는 별의 연주시차를 측정할 수 없었고 결국에 별은 하늘에 고정되어 있고 지구가 중심이며 태양이 지구 주위를 돈다고 생각하게 되었어요. 시간이 흘러 망원경이 발명되고 별 사이의 미세한 이동을 관측하게 되면서 연주시차를 측정하게 되었어요.

프리드리히 베셀은 1838년 98일간의 관측 자료를 근거로 백조자리61의 연주시차가 0.314초임을 알아냈고 이 별까지의 거리를 3파섹(pc)이라고 결정했어요. 최초의 연주시차 측정이죠. 현대에 측정한 백조자리61의 연주시차는 0.286초이고 거리는 3.5파섹이니 조금 오차가 있지만 기념할 만한 일이죠.

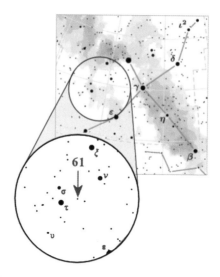

베셀이 연구 시차를 측정한 백조자리61(베셀의 별)

베셀이 연주시차를 발표한 두 달 후에는 스코틀랜드의 천문학자 토마스 헨더슨, 그 얼마 후에는 독일 출신의 러시아 천문학자 프리드리히 스트루베가 각각 독자적으로 측정한 별들의 시차를 발표해요. 베셀은 참 운이 좋은 천문학자죠?

별까지의 거리는 매우 멀기 때문에 연주시차가 매우 작아 초($''$) 단위로 나타내요. 연주시차가 $1''$인 별까지의 거리를 1파섹이라고 하고, 별까지의 거리 단위로 사용해요. 1파섹은 약 3.26광년에 해당해요.

태양을 제외하고 지구에서 제일 가까운 별인 센타우루스자리의 프록시마의 거리는 연주시차가 약 $0.76''$이므로 $\frac{1}{0.76}$ = 1.32(pc)이에요. 광년으로 고치면 1.32 × 3.26 = 약 4.3광년이 돼요.

지상에서는 대기의 요동 때문에 별 사이의 거리가 떨어졌는지 구별하는 데 어려움이 있어요. 그래서 지상에서 측정할 수 있는 연주시차의 한계는 0.02초이고, 거리로는 50파섹이에요. 이런 한계를 극복하고자 1989년에 히파르코스 위성을 발사해서 대기의 영향이 없는 곳에서 별 시차를 측정했어요. 0.001초의 정확도로 약 12만여 개의 별의 시차를 측정했죠.

하지만 시차를 이용한 별의 거리 측정은 우주의 크기에 비하면 극히 좁은 영역에 해당해요. 현재 연주시차로 측정할 수 있는 거리는 약 300광년 이내예요. 이보다 더 먼 별은 연주시차가 너무 작아서 별까지의 거리를 측정하려면 다른 방법이 필요합니다.

우리가 잘 알고 있는 대표적인 별까지의 거리를 한번 알아봐요.

별	거리(pc)	거리(광년)
시리우스	2.6	8.6
알타이르(견우성)	5.1	16.7
베가(직녀성)	7.7	25
북극성	133	433

별까지의 거리 단위로는 광년(Ly)과 AU(천문단위)가 있어요. 먼저, 빛이 1년 동안 갈 수 있는 거리를 1광년이라고 해요. 빛은 1초에 약 300,000km를 이동하는데, 1년이면 약 9,500,000,000,000(9.5×10^{12})km를 이동할 수 있어요. 즉, 1광년은 약 9,500,000,000,000km예요.

지구와 태양까지의 거리는 1AU(Astronomical Unit)라고 해요. 1AU는 150,000,000(1억5천만)km예요.

풀어 볼까? 문제!

1. 연주시차가 0.1″인 별까지의 거리는 몇 pc일까?

2. 다음 그림은 별X와 별Y의 연주시차를 나타낸 것이다. 두 별의 연주시차를 비교해 보자.

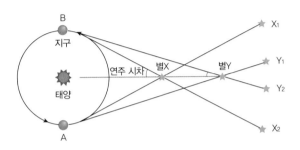

정답

1. 10pc

2. 별X 〉 별Y

2. 별의 밝기와 등급은 어떻게 정할까?

론 강의 별이 빛나는 밤(1888. 고흐)

네덜란드의 화가 고흐는 밤하늘에 빛나는 별을 그림처럼 실감 나게 표현했어요. 북두칠성의 어떤 별은 더 밝고 크게, 어떤 별은 더 어둡고 작게 그렸어요. 실제로 밤하늘을 보면 별의 밝기가 모두 같지 않음을 알 수 있어요. 오늘 밤 북두칠성을 보러 한번 나가 볼까요? 고흐가 봤던 그 별을 보러요.

거리에 따른 빛의 밝기 변화

같은 밝기의 전등을 앞뒤로 나란한 책상 위에 놓고 멀리서 관찰하면 어떻게 보일까요? 맞아요. 앞에 있는 전등이 더 밝게 보일 거예요.

같은 밝기인데 왜 거리가 멀어지면 어둡게 보일까요? 빛을 받는 면적은 거리의 제곱에 비례하여 증가하고, 단위 면적당 빛의 양이 거리의 제곱에 반비례하여 감소하기 때문이에요.

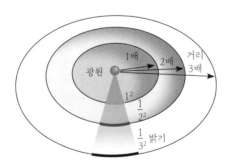

거리에 따른 밝기 변화

광원에서 나온 빛은 사방으로 퍼지면서 점점 넓은 영역을 비춰요. 광원에서 거리가 멀어질수록 같은 넓이에서 받는 빛의 양은 적어져요. 광원에서 거리가 2배, 3배로 멀어지면 빛을 받는 넓이는 2^2, 3^2배로 넓어져요. 같은 넓이에서 받는 빛의 양은 $\frac{1}{2^2}$, $\frac{1}{3^2}$로 줄어들죠. 즉 광원의 밝기는 거리의 제곱에 반비례해요.

$$L\,(밝기) \propto \frac{1}{d(거리)^2}$$

별의 겉보기 등급

밤하늘의 별을 보면 별마다 밝기가 달라요. 기원전 150년경 그리스의 히파르코스는 맨눈으로 볼 수 있는 별의 밝기를 6단계로 구분하고 밝은 별부터 어두운 별의 순서대로 1등급에서 6등급까지 구분했어요.

맨눈으로 가장 밝게 보이는 별을 1등급으로 하고 가장 희미하게 보이는 별을 6등급이라 했죠. 이처럼 우리 눈에 보이는 별의 밝기를 등급으로 나타낸 것을 겉보기 등급이라고 해요. 그 후 정밀한 관측으로 1등급 별이 6등급 별보다 100배 더 밝다는 것을 알게 되었어요. 각 등급 사이에는 약 2.5배 밝기 차이가 있어요.

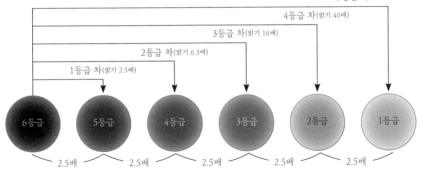

별의 절대 등급

과학자들은 눈에 보이는 별의 밝기가 실제 별의 밝기가 아니라는 것을 알게 되었어요. 왜냐하면 별까지의 거리가 다양해서 멀리 있는 별은 실제 밝기보다 어둡게 보이고, 가까이 있는 별은 실제 밝기보다 밝게 보이기 때문이죠. 태양이 우주에서 제일 밝은 별은 아니지만, 지구에서 가장 가까운 별이기 때문에 제일 밝게 보이는 것처럼 말이죠.

별의 밝기는 별까지의 거리의 제곱에 반비례해요. 이 때문에 별의 실제 밝기를 비교하려면 같은 거리에 두고 비교해야 정확해요. 지구로부터 어떤 별이 10pc에 있다고 가정했을 때의 밝기를 그 별의 절대 등급이라고 해요. 별의 절대 등급을 비교하면 실제로 어떤 별이 더 밝은지 알 수 있겠죠?

태양의 절대 등급은 4.8등급, 북극성은 −3.7등급으로 실제로는 북극성이 훨씬 밝은 별이에요. 또한 10pc 이내의 가까운 거리에 별이 있다면 그 별의 겉보기 등급은 절대 등급보다 크고, 별은 보이는 것보다 더 어두운 별일 거예요.

다음 그림은 겉보기 등급과 절대 등급을 나타낸 것이에요. 태양은 다른 별에 비해 거리가 매우 가깝기 때문에 밝게 보이지만 10pc에 놓고 비교한 절대 등급은 4.8로, 어두운 별에 속해요. 반대로 데네브는 10pc보다 멀리 있어서 절대 등급은 더 크고 더 밝은 별이 돼요. 폴룩스처럼 겉보기 등급과 절대 등급이 비슷한 별은 거리가 10pc라는 것도 알 수 있지요.

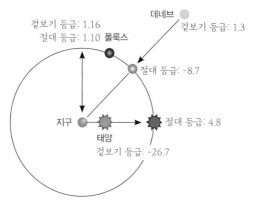

별의 겉보기 등급과 절대 등급

여기서 한걸음 더 나아가 보면, 겉보기 등급에서 절대 등급을 뺀 값이 음(-)의 값이면 10pc보다 가까운 별, 양(+)의 값이면 10pc보다 먼 별이라는 것도 알 수 있어요. 다음 표를 통해 별의 겉보기 등급과 절대 등급을 정리해 봐요.

별	겉보기 등급	절대 등급
시리우스	−1.5	1.4
베가	0.0	0.6
풀룩스	1.1	1.1
아크투르스	0.0	−0.3
스피카	1.4	−3.6
베텔게우스	0.5	−5.1
리겔	0.1	−6.1
데네브	1.3	−8.7

표준 광원을 찾아라

대부분 별은 10pc보다 멀리 있기 때문에 겉보기 밝기는 절대 밝기보다 더 어두워요. 겉보기 밝기와 절대 밝기의 차이는 곧바로 거리를 알려주는 값이기 때문에 이를 거리 지수라고 불러요. 겉보기 밝기는 현재 우리가 보는 밝기이므로 쉽게 구할 수 있겠죠? 그러니까 절대 밝기만 구하면 그 별까지의 거리는 금방 알 수 있어요. 결국, 별까지의 거리를 알려면 그 별의 절대 밝기를 알아내면 돼요.

그러면 별의 절대 등급은 어떻게 구할까요? 다행히 수많은 별 중에 특정한 성질만 알면 절대 밝기를 알 수 있는 특별한 별들이 있는데, 이를 표준 광원이라고 불러요. 표준 광원은 헨리에타 레빗의 세페이드 변광성의 주기-광도 관계를 밝히면서 알게 되었어요. 천문학 역사에 한 획을 그은 연구였어요. 별까지의 거리를 구해서 우주의 크기를 확장시켰고, 사람들의 인식을 바꾼 계기가 되었어요.

헨리에타 레빗은 1890년대 초반 당시로는 거의 유일한 여성 교육기관이었던 래드클리프대학을 다니면서 천문학에 관심을 가졌으나, 병 때문에 공부를 계속하지 못했고 심각한 청각장애까지 가지게 되었어요.

이후 3년간은 하버드대학에서 무보수 '컴퓨터'로 일했어요. 당시에 '컴퓨터'는 계산하는 직업을 가진 사람을 일컫는 말로, 하버드대에서 계산만 하다가 노처녀로 늙어가는 여자들을 놀리는 말이었죠. 그러나 별의 스펙트럼형을 분류한 캐논, 세페이드 변광성의 주기-광도 관계를 밝힌 레빗은 '컴퓨터'로서의 한계를 극복하고 천문학 발전에 어마어마하게 기여했습니다.

이것만은 알아 두세요

1. **겉보기 등급** 우리 눈에 보이는 별의 밝기를 등급으로 나타낸 것. 1등급인 별은 6등급인 별보다 약 100배 밝다.
2. **절대 등급** 어떤 별이 10pc의 거리에 있다고 가정했을 때 별의 밝기를 등급으로 나타낸 것
3. 10pc보다 가까이 있는 별은 겉보기 등급이 절대 등급보다 작고, 10pc보다 멀리 있는 별은 겉보기 등급이 절대 등급보다 크다.

풀어 볼까? 문제!

1. 별까지의 거리가 2배 멀어지면 그 별의 밝기는 어떻게 달라지는 서술해 보자.

2. 0등성인 별은 5등성인 별에 비해 몇 배나 더 밝을까?

3. 10pc보다 가까이 있는 별의 겉보기 등급과 절대 등급의 크기를 비교하여 설명해 보자.

정답

1. 별의 밝기는 1/4배 어두워진다.

2. 100배 밝다.

3. 10pc보다 가까이 있는 별은 겉보기 등급이 절대 등급보다 작다.

3. 별의 온도는 어떻게 알 수 있을까?

겨울이 되어 전기난로를 켜면 실내가 따뜻해져요. 요즘 쓰는 전기난로는 니크롬선에서 열이 나는데, 니크롬선은 저항이 커서 전류가 흐를 때 열이 발생하는 원리를 이용한 거예요. 근데 전기난로를 켤 때 니크롬선의 색이 조금씩 변하는 것을 본 적이 있나요? 집에 니크롬선을 이용한 전기난로가 있다면 한번 잘 관찰해 보세요.

전류가 흐르기 시작하면서 니크롬선은 빨간색이 돼요. 이후 시간이 지나면 점점 주황색이 되고 계속 시간이 지나면 노란색으로 변해요. 니크롬선의 색이 달라지는 이유는 니크롬선의 온도가 점점 높아져 방출되는 빛의 색이 달라지기 때문이에요.

자연에서도 이렇게 색이 변하는 것을 찾을 수 있어요. 화산에서 처음 분출된 용암은 노란색이지만 점점 용암이 식으면서 붉은색, 검붉은색으로 변해가요. 용암의 온도가 낮아지면서 방출되는 빛도 달라지기 때문이에요.

별의 온도와 색

밤하늘의 별은 모두 흰색이라고 생각할 수도 있지만 실제로는 색깔이 다양해요. 겨울철 대표적인 별자리인 오리온자리를 예를 들면, 베텔게우스는 붉은색으로, 리겔은 청백색으로 보여요. 별의 온도는 리겔이 베텔게우스보다 더 높아요.

별이 다양한 색을 띠는 이유는 별의 표면 온도가 다르기 때문이에요. 붉은색은 표면 온도가 가장 낮고, 노란색, 흰색, 푸른색 쪽으로 갈수록 표면 온도가 높아져요.

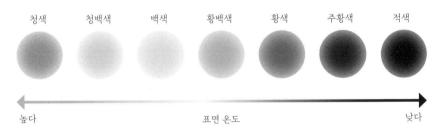

별의 색과 표면 온도

별의 분광형과 별까지의 거리

표면 온도를 색으로 보는 것보다 더 정확하게 알아내는 방법이 있어요. 바로 빛을 분광기로 분광시키는 방법인데, 스펙트럼으로 관찰하면 더 정확하게 알 수 있어요.

태양빛을 분광기로 관찰하면 연속적인 무지개색 사이에 수백 개의 검은색 선이 나타나요. 이것은 햇빛이 태양 대기를 통과하면서 태양 대기에 의해 특정한 빛이 흡수되었기 때문이에요. 이러한 스펙트럼을 흡수 스펙트럼이라고 해요. 이와 마찬가지로 별빛을 분광기로 관찰하면 별빛의 흡수 스펙트럼을 볼 수 있어요.

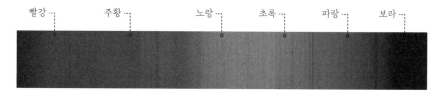

빨강   주황   노랑   초록   파랑   보라

스펙트럼(검은색의 가는 세로선이 흡수선)

하버드 천문대의 여성 과학자 캐논은 별의 스펙트럼을 수소 흡수선의 강도를 기준으로 별의 분광형을 7가지 형태로 분류했어요. 총 O, B, A, F, G, K, M의 7가지 분광형이 있어요.

색	분광형	표면온도(℃)	별
청색	O	50,000~30,000	민타카
청백색	B	30,000~11,000	리겔, 스피카
백색	A	11,000~7,500	시리우스, 베가
황백색	F	7,500~5,900	북극성, 프로키온
황색	G	5,900~5,200	태양, 카펠라
주황색	K	5,200~3,900	알데바란
적색	M	3,900~2,500	베텔게우스, 안타레스

별의 색과 분광형, 표면온도

풀어 볼까? 문제!

1. 별마다 색이 다르게 보이는 까닭을 설명해 보자.

2. 흰색 별, 붉은색 별, 파란색 별을 표면 온도가 높은 순으로 비교해 보자.

정답

1. 별의 표면 온도가 다르기 때문에 별의 색이 다르게 보인다.

2. 표면 온도는 파란색 별 > 흰색 별 > 붉은색 별 순으로 온도가 높다.

4. 우리은하는 어떤 모습일까?

푸른 하늘 은하수 하얀 쪽배엔~

계수나무 한 나무 토끼 한 마리~

우리 동요 〈반달〉을 불러 본 적이 있나요? 은하수라는 말이 가사에 나오네요. 이뿐만 아니에요. 은하수와 관련된 전설도 있어요. 견우와 직녀를 만나지 못하게 하늘에 놓인 강도 은하수였어요. 은하수는 은빛으로 빛나는 강처럼 보인다고 하여 붙여진 이름이에요.

견우와 직녀가 은하수에 가로막혀 만나지 못하다가 일 년에 단 한 번, 음력 7월 7일에 까마귀와 까치가 놓은 오작교를 통해서만 만날 수 있다는 슬픈 전설이에요. 서양에서는 은하수를 여신 헤라가 젖을 뿌려서 만들어진 것이라 생각해 '밀키 웨이(milky way)'라 불러요. 은하수의 순우리말은 '미리내'예요. 용이 잠자는 냇물이라는 뜻이죠.

은하수와 우리은하

여름철 맑은 날 불빛 없는 곳에서 밤하늘을 보면 구름처럼 뿌옇게 보이는 띠를 볼 수 있어요. 이를 은하수라고 해요. 은하수는 수많은 별로 이루어져 있어요. 이 수많은 별이 바로 우리은하예요.

다음 사진은 은하의 중심 방향을 장시간 노출해서 찍은 사진이에요. 은하수는 폭이 좁은 곳도 있고, 넓은 곳도 있고, 은하수 중심을 가로질러 검게 보이는 곳도 있어요.

우리은하는 어떤 모습일까요? 은하는 별, 티끌, 가스 등이 모여 있는 거대한 덩어리예요. 하나의 은하는 평균적으로 약 천억 개 이상의 별을 거느려요. 은하의 모습은 제각각인데, 우리은하는 막대 나선팔을 가진 가운데가 볼록한 모양임을 은하수를 통해 알게 되었어요.

독일 출신의 천문학자 허셜은 우리은하의 모양을 알기 위해 모든 방향의 별의 개수를 세었어요. 그 결과 은하수에 가까울수록 별의 개수가 많다는 것을 알게 되었고, 우리은하의 모양이 태양을 중심으로 한 렌즈 모양이라고 생각했어요.

미국의 천문학자 새플리는 태양이 우리은하의 중심이 아니라는 것을 발견했어요. 그 후 전파 관측을 통해 나선팔 모양을, 적외선 관측을 통해 우리은하의 중심이 막대 모양이라는 사실을 알게 되었어요. 결국 우리은하는 가운데가 볼록한 막대 나선은하라는 것이란 결론에 도달하게 됐어요.

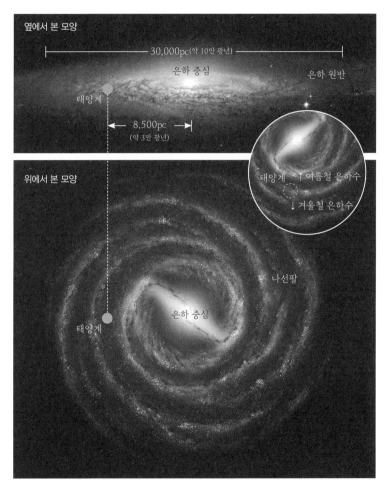

우리은하의 모양(모식도)

우리은하의 지름은 약 30,000pc이고, 태양계는 우리은하의 중심으로부터 약 8,500pc 떨어진 나선팔에 위치해 있어요. 은하 중심에 볼록한 부분을 팽대부라고 부르고 나선팔은 별과 기체가 밀집되어 있어요.

태양계가 중심에서 벗어나 나선팔에 있기 때문에 지구에서 우리은하를 보면 나선팔이 띠 모양의 은하수로 보이고 계절에 따라 은하수의 폭과 밝기가 달라져요. 여름철이 우리은하의 중심을 향하는 방향이므로 더 굵고 밝게 보이고, 겨울철은 나선팔이 향하는 방향이므로 좁고 어둡게 보여요.

외부 은하

1920년 미국에서 새플리와 커티스 두 천문학자가 논쟁을 벌였어요. 새플리는 "우리은하가 우주의 전부일 것이다"라고 했어요. 커티스는 "우리은하는 우주의 수많은 은하 중 하나일 뿐이다"라고 주장했죠. 이 논쟁을 천문학의 대논쟁이라고 불러요.

이 논쟁에 종지부를 찍은 사람이 에드윈 허블이에요. 허블이 안드로메다 은하의 거리를 계산해 봤는데, 우리은하의 크기보다 더 먼 곳에 있다는 사실을 알게 된 거예요. 우리은하 너머에 외부 은하가 존재한다는 사실은 우리은하가 수많은 은하 중에 하나에 불과하다는 걸 알려주었어요.

여기서 잠깐! 허블이 어떻게 안드로메다 은하의 거리를 계산할 수 있었을까요? 바로 레빗이 표준 광원을 알아낸 덕분이에요.

우주의 은하들

은하의 모양

은하는 다양한 모양을 하고 있어요. 허블은 은하들을 모양에 따라 분류했는데, 크게 타원 은하와 나선 은하, 불규칙 은하로 나눌 수 있어요.

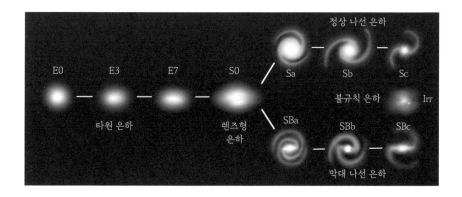

타원 은하는 별들이 타원의 구 모양으로 뭉쳐져 있고, 새로운 젊은 별이 거의 탄생하지 않아 늙은 별들로 구성되어 있어요. 별을 탄생시키는 가스나 티끌이 거의 없는 은하이지요.

나선 은하는 중심부에 구 모양의 팽대부가 있고, 그곳으로부터 나선팔이 뻗어 나온 형태를 하고 있습니다. 이 나선팔에서 새로운 별들이 탄생해요. 나선팔이 중앙 팽대부에서 바로 뻗어 나온 경우에는 정상 나선 은하, 팽대부를 가로지르는 막대의 끝에서 뻗어 나온 경우에는 막대 나선 은하라고 해요.

마지막으로 불규칙 은하는 그 모양이 불규칙적이어서 타원 혹은 나선 은하의 범주에 들지 못하는 나머지들을 말해요. 그 외 은하 중에는 매우 강한 전파를 내는 전파 은하도 있어요.

타원 은하

정상 나선 은하

막대 나선 은하

불규칙 은하

이것만은 알아 두세요

1. **우리은하** 태양계가 속한 은하로 지름은 약 10만 광년(30,000pc), 태양계는 우리은하 중심에서 약 3만 광년(8,500pc) 떨어져 있다.

2. 우리은하는 중심부가 볼록한 막대 모양의 구조가 있고, 막대 끝부분에서부터 나선 팔이 소용돌이 모양으로 휘감은 막대 나선 모양이다.

풀어 볼까? 문제!

1. 은하수가 어느 계절에 잘 보일까? 그리고 그 이유는 무엇인지 설명해 보자.

2. 다음 사진은 여러 가지 외부 은하의 모습을 나타낸 것이다.

(가)   (나)   (다)

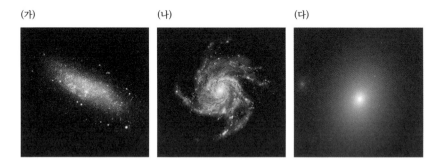

(가)~(다)에 해당하는 은하의 이름을 허블의 분류 체계에 맞게 써 보자.

정답

1. 여름철이다. 여름철 밤 지구에서 바라보는 방향이 우리은하의 중심 방향이므로 은하수가 더 굵고 밝게 보인다.

2. (가): 불규칙 은하, (나): 나선 은하, (다): 타원 은하

5. 우리은하를 구성하는 천체는 무엇일까?

태양계 너머로 우주선을 타고 같이 가볼까요? 태양계 밖으로 가기 위해 서는 많은 시간이 필요할 거예요. 어쩌면 우린 죽기 전에 돌아오지 못할지 도 몰라요. 그래도 궁금한 것을 알고 싶어 하는 열망은 불가능해 보이는 것도 언젠가는 가능하게 만들지요.

태양계에서 점점 멀어지면 태양의 모습만 점처럼 보여요. 더 멀리 나가 면 수많은 별 속에서 태양을 구별할 수가 없게 되고, 그보다도 더 멀리 가 면 태양을 눈으로는 도저히 확인할 수 없게 돼요.

태양계 주위에는 태양과도 같은 별들이 무수히 많이 있어요. 별들이 무 리 지어 있는 성단이네요. 별과는 달리 뿌옇게 구름처럼 퍼져서 혜성과 구 별하기 어려운 성운도 있어요. 더 멀리 나가면 우리은하 밖으로 나가게 돼요.

성운과 성단은 육안으로 관측하기는 어려워요. 주변의 별들이 너무 밝 아서 상대적으로 어두운 천체들은 잘 구분되지 않기 때문이죠. 하지만 오 랜 노출 시간으로 촬영한 천체 사진을 보면 매우 아름다운 모습으로 나타 나 우리를 매혹해요. 이제부터 성운과 성단에 대해 알아볼까요?

성단

　별은 하나하나 따로 떨어져 있는 것도 있지만 수많은 별이 모여 집단을 이루기도 해요. 이렇게 별이 모여서 집단을 이루고 있는 천체를 성단이라고 해요. 성단에는 산개 성단과 구상 성단이 있어요.

산개 성단(나비 성단)

페가수스자리 구상 성단

　산개 성단은 수십에서 수만 개의 별이 수백 광년의 공간에 엉성하고 불규칙하게 모여 있는 천체예요. 주로 온도가 높은 푸른색 별로 구성되어 있고, 우리은하의 나선팔 부근에 많이 있어요. 대표적인 산개 성단으로 나비 성단이 있어요.

　구상 성단은 수만에서 수십만 개의 별이 빽빽이 모여 공처럼 보이는 천체예요. 주로 표면 온도가 낮은 붉은색 별로 구성되어 있고, 은하 전체에 골고루 분포해요. 구상 성단은 산개 성단보다 늙은 별들로 구성되어 있어요. 아마 은하가 만들어진 초기에 탄생한 것이 아닐까 추정하고 있어요.

성운

우리은하에는 별과 별 사이에 기체와 티끌이 흩어져 있는데, 이를 성간 물질이라고 해요. 이러한 성간 물질이 모여 구름처럼 보이는 것을 성운이 라고 해요. 성운에는 방출 성운(발광 성운), 반사 성운, 암흑 성운이 있어요.

방출 성운은 스스로 빛을 내는 성운이에요. 성운 중심에 있는 표면 온도 가 높은 별에서 나온 강한 빛을 주변의 기체가 흡수한 후 스스로 빛을 내 기 때문에 밝게 빛나는 성운이에요. 독수리 성운, 오리온 대성운이 대표적 인 발광 성운이에요.

반사 성운은 성운을 이루는 기체가 티끌이 별빛을 반사 또는 산란시켜 밝게 보여요. 오리온자리의 마녀머리 성운은 리겔의 별빛을 반사하여 푸 르게 보이는 반사 성운이에요. 그 외에 메로페 성운도 있어요.

방출 성운(오리온자리 성운)

반사 성운(메로페 성운)

암흑 성운은 성간 물질이 뒤에서 오는 별빛을 차단하여 우리 눈에 어둡 게 보이는 성운입니다. 은하수를 보면 여기저기 어두운 부분이 많이 보이는데, 이 부분이 암흑 성운이에요. 대표적인 암흑 성운에는 뱀주인자리의 암흑 성운, 말머리 성운이 있어요.

특이한 모양의 성운들도 있어요. 마치 장미나 고양이눈, 모래시계처럼 보여서 장미 성운, 고양이눈 성운, 모래시계 성운이라 불리는 성운들도 있어요.

암흑 성운(말머리 성운)

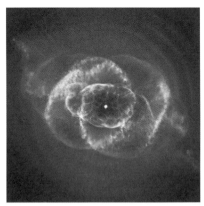

고양이눈 성운

별, 성운, 성단의 이름을 M42처럼 M과 숫자로 부르기도 해요. 이를 메시에 천체 목록이라고 해요. 18세기 중반, 샤를 메시에라는 천문학자가 천체를 정리하고 목록을 만들었어요. 메시에의 약자인 대문자 M에 숫자를 붙여 109개의 천체에 이름을 붙였어요. 우리가 잘 아는 안드로메다 은하는 M31로 이름 붙였어요.

성운과 성단을 더 많이 표현한 목록에는 NGC 천체 목록이 있어요. NGC는 7,840개의 천체를 포함해요. 현재는 2009년에 개정된 신판 목록을 사용해요.

성단과 성운을 보려면 맨눈보다는 망원경으로 보거나 노출을 길게 해서 찍은 천체 사진이 좋아요. 그러기 위해서는 불빛이 없는 곳으로 가서 망원경으로 봐야겠죠. 망원경이 있는 천문대를 가는 것도 좋은 방법입니다.

경기도 · 서울 · 인천
1. 양주시 송암스페이스센터
2. 양평군 중미산천문대
3. 관악구 서울특별시교육청과학전시관
   천문대
4. 인천시 인천어린이천문대

충청남도 · 대전
1. 대전시 대전시민천문대
2. 청양군 칠갑산천문대스타파크
3. 서산시 서산류방택천문기상과학관

전라북도
1. 남원시 남원항공우주천문대
2. 부안군 금구원조각공원천문대
3. 무주군 무주반디별천문과학관

전라남도 · 광주
1. 구례시 곡성섬진강천문대
2. 순천시 순천만습지천문대
3. 광주시 빛고을천문대

제주특별자치도
1. 서귀포시 서귀포천문과학문화관
2. 서귀포시 한국천문연구원KVN탐
   라전파천문대
3. 제주시 제주별빛누리공원

강원도
1. 영월군 별마로천문대
2. 화천군 조경철천문대
3. 양구군 국토정중앙천문대
4. 횡성군 우리별천문대

충청북도
1. 단양군 소백산천문대
2. 증평군 증평좌구산천문대
3. 충주시 충주고구려천문과학관

경상북도 · 대구
1. 영천시 보현산천문대
2. 예천군 예천천문우주센터
3. 영양군 별생태체험관영양반딧불이
   천문대

경상남도 · 부산 · 울산
1. 김해시 김해천문대
2. 밀양시 밀양아리랑 우주천문대
3. 부산시 금련산 청소년수련원부산
   시민천문대

우리나라의 대표적인 천문대

1. **성단** 많은 별이 모여 집단을 이루고 있는 것

산개 성단	구상 성단
• 수십~수만 개의 별이 비교적 엉성하게 모여 있다. • 주로 푸른색의 별이 많다.	• 수만~수십만 개의 별이 공 모양으로 모여 있다. • 주로 붉은색의 별이 많다.

2. **성운** 성간 물질이 구름처럼 모여 있는 것

방출 성운	반사 성운	암흑 성운
성간 물질이 주변의 별빛을 흡수하여 스스로 빛을 내는 성운	성간 물질이 주변의 별빛을 반사하여 밝게 보이는 성운	성간 물질이 뒤쪽에서 오는 별빛을 차단하여 어둡게 보이는 성운

풀어 볼까? 문제!

1. 다음 설명에 해당하는 용어를 〈보기〉에서 찾아 써 보자.

┌─〈보기〉─────────────────────────────────────

   산개 성단, 구상 성단, 암흑 성운, 반사 성운, 방출 성운

└───

(1) 기체와 티끌이 뒤에서 오는 빛을 차단하여 어둡게 보이는 성운
(2) 수만~수십만 개의 별이 공처럼 빽빽하게 모여 있는 별의 집단
(3) 성간 물질이 주변의 빛을 흡수하여 스스로 빛을 내는 성운

2. 다음 사진 같은 종류의 천체를 무엇이라 하는지 써 보자.

정답

1. (1): 암흑 성운, (2): 구상 성단, (3): 방출 성운

2. 산개 성단

6. 우주는 팽창하고 있을까?

우주에는 우리은하 외에도 수많은 외부 은하가 있어요. 외부 은하 중에 아주 가까운 거리에 있는 대마젤란 은하는 약 16만 광년 떨어져 있고, 안드로메다 은하는 약 250만 광년 떨어져 있어요. 대체 우주는 얼마나 넓은 걸까요?

우주의 팽창

우주의 팽창을 알기 위해 한 가지 실험을 해볼 거예요. 고무풍선과 스티커를 준비한 뒤, 고무풍선에 아주 약간 바람을 불어주세요. 스티커를 붙인 후에 더 크게 불면 스티커와 스티커 사이의 거리는 어떻게 될까요?

다음 그림처럼 스티커와 스티커 사이의 거리가 점점 멀어지겠죠? 풍선이 팽창하면 스티커 사이의 간격이 멀어지듯이, 우주가 팽창한다면 은하와 은하 사이도 멀어져야 해요.

　허블이 외부 은하의 후퇴 속도를 측정한 결과 먼 은하일수록 멀어져 가는 속력이 빠르다는 것을 발견했어요. 팽창하고 있는 우주 어디에서 관측하든, 모든 은하가 서로 멀어져 간다는 것을 알게 된 거죠. 즉, 우주가 팽창한다는 뜻이에요.

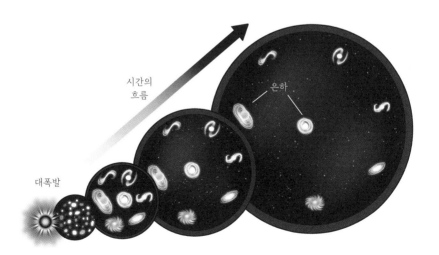

팽창하는 우주 모형

왜 우주가 팽창하고 있을까요? 시간을 거슬러 과거로 가면 우주는 한 점으로 수렴해야 돼요. 그러므로 우주는 약 137억 년 전에 작은 점에서 대폭발(Big Bang)하며 시작되었다고 생각할 수 있어요. 우주는 대폭발로 시작했고 지금도 팽창하고 있어요.

빅뱅 우주론의 한계와 급팽창과 가속팽창 우주

1940년대에 가모프가 주장한 빅뱅 우주론은 우주가 하나의 점에서부터 대폭발하여 생성되었고, 계속 팽창하면서 냉각되었다는 이론이에요. 매우 뜨거웠던 우주 초기에 생성된 전자, 양성자 등 기본 입자들이 서로 결합하여 수소, 헬륨 등의 원자가 생성되었어요. 그리고 이들로부터 별과 은하 등 현재 우주를 이루는 모든 물질이 만들어졌다고 해요. 우주의 기원을 가장 잘 설명하는 설득력 있는 우주론으로 인정받았어요.

그러나 1970년대에 이르자 빅뱅 우주론으로 설명할 수 없는 몇 가지 문제점이 제기되었어요. 이를 보완해 급팽창 우주론과 가속팽창 우주론이 나왔어요. 급팽창 우주론에 따르면 우주는 대폭발 시에 급팽창하면서 평탄해졌다고 해요. 그리고 팽창 속도가 점점 빨라지는, 이른바 가속팽창하고 있는 것으로 추정해요.

풀어 볼까? 문제!

1. 다음 중 맞는 표현을 골라 보자.

> 우주는 대폭발 이후 계속 (팽창/수축)하고 있다.

2. 우주가 팽창한다면 외부 은하의 운동 모습은 어떻게 나타나는지 서술해 보자.

정답

1. 팽창

2. 멀리 있는 외부 은하일수록 더 빠르게 멀어진다. 후퇴한다.

7. 인류의 우주 탐사의 성과는?

어린왕자를 읽은 적이 있나요? 어린왕자보다 훨씬 크고 넓은 지구에 살고 있는 우리는, 작은 별에서 혼자 외롭게 살았던 어린왕자보다는 행복할지 몰라요. 왜냐하면 우리는 지구상에서 그리고 우주에서 우리가 얼마나 작은 존재인지 모르고 있기 때문이에요. 가끔 이런 착각에서 벗어날 때는 광활한 우주 공간의 별을 보는 순간일 거예요.

망원경을 이용한 우주 탐사

인류는 끊임없이 별과 우주에 대해 궁금해하고 탐사를 계속했어요. 그러나 오랫동안 맨눈으로만 볼 수 있었어요. 1609년에 갈릴레이가 최초로 망원경을 이용하여 천체를 관측했고, 그 이후 망원경의 성능이 점점 좋아지면서 눈으로 볼 수 없는 천체의 영역까지 볼 수 있게 되었어요.

망원경으로 별을 본다고 하면 사람들은 별이 매우 크게 보일 것으로 기대하거나, 책이나 인터넷에서 봤던 멋진 사진처럼 보일 것이라고 생각해요. 하지만 아무리 좋은 망원경이라도 별은 작은 점으로 보여요. 망원경으로 별을 본다는 것은 별을 크게 확대하는 게 아니라 별빛을 많이 모아서 별을 밝게 보는 것이에요.

망원경은 별빛을 더 많이 모으는 쪽으로 진화하고 있어요. 하와이 마우나케아 정상 부근에 위치한 켁 망원경은 세계에서 가장 큰 광학 망원경으로 지름이 무려 10m나 돼요.

켁 망원경

망원경은 가시광선과 다른 적외선, 자외선, 전파를 관측할 수 있는 쪽을 진화하고 있어요. 왜냐하면 별들에 대한 더 많은 사실을 알기 위해서는 별이 보내는 다양한 정보를 분석해야 하기 때문이에요.

전파 망원경은 별들로부터 오는 매우 약한 전파를 수신하기 위해 만들어진 망원경이에요. 전파를 수신하는 큰 안테나와 수신기, 기록계로 구성되어 있어요. 영화 〈콘택트〉에서 주인공 엘리가 베가성에서 보낸 외계인의 메시지를 수신하는 곳도 전파 망원경이 즐비하게 있는 곳이었어요.

전파 망원경

　망원경은 이제 우주까지 진출했어요. 별빛이 대기권을 통과하면서 방해를 많이 받기 때문에 대기권 밖에 있는 인공위성 모양의 망원경이 우주 구석구석을 대기의 방해를 받지 않고 관측해요. 1990년에 600km 상공에 설치한 허블 망원경은 지구상의 어떤 망원경보다도 뚜렷한 천체 사진을 보내주고 있어요.

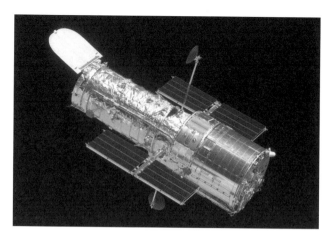
허블 우주 망원경

로켓을 이용한 우주 탐사

미지의 세계를 탐구하고자 하는 인간의 열망은 망원경으로 관측하는 것으로 만족하지 못했어요. 그래서 로켓에 실어 인공위성이나 우주에 탐사선을 보내요. 인공위성은 천체 주위를 돌도록 만든 인공 장치로, 1957년 러시아의 인공위성인 스프투니크1호의 발사 성공으로 시작되었어요.

지금은 지구와 가까운 달, 금성, 화성, 목성, 토성, 해왕성, 천왕성의 정보를 모으는 우주 탐사선을 보내 정보를 모으고 있어요. 미국은 1969년 달 착륙선인 아폴로 11호를 보내 달에 인류의 발자국을 남겼고, 1977년에 보이저 2호로 태양계를 탐사했어요.

우리나라도 독자적인 기술로 인공위성을 만들었고, 2013년에는 나로 우주 센터에서 나로호 로켓을 발사하였어요.

나로호

화성은 1964년에 마리너 4호가 근접하여 사진 촬영을 한 이후, 수많은 탐사선이 방문한 곳이에요. 1975년엔 바이킹 1호, 1976년엔 바이킹 2호가 화성에 착륙하여 사진을 찍었어요. 1996년에 착륙한 패스파인더호는 에어백을 이용하여 화성 표면에 착륙하는 데 성공해 착륙 비용을 획기적으로 줄이게 해 주었죠.

스피릿호와 오퍼튜니티호는 쌍둥이 로봇으로, 화성에 착륙하여 2003년부터 탐사를 시작했어요. 그 중에서도 오퍼튜니티호는 2019년까지 임무를 수행했어요. 2018년에 착륙한 인사이트는 화성의 지질 탐사를 하고 있습니다. 지금은 미국뿐 아니라 유럽 연합, 인도, 중국도 화성에 탐사선을 보내고 있어요.

우주 탐사 기술의 이용

우주 탐사 기술은 다양한 분야에 영향을 주었어요. 천문학, 물리학, 공학 등의 학문이 발전하였고, 인공위성이나 우주 탐사선, 로켓 등을 제작하기 위한 다양한 기술도 함께 발달했죠.

우주 탐사에 적용됐던 과학 기술은 이제 우리 생활에 유용하게 쓰이고 있어요. 정수기, 에어쿠션 운동화, 가벼운 소재들을 이용한 운동 용품 등이 있어요. 또한 비행기 운항과 선박 항해, 자동차 내비게이션, 스마트폰 위치 정보 제공에 이용되는 위성 항법 장치(GPS)도 있어요.

인공위성은 연구를 위한 과학 위성도 있지만, 생활과 관련된 실용 위성도 있어요. 기상 위성, 방송 위성, 항법 위성, 해양 위성, 자원 탐사 위성, 군사 위성 등이 있어요. 기상 위성은 구름 사진을 찍어 일기 예보를 하고, 태풍의 경로를 예측하여 피해를 줄여줘요. 방송 위성은 지구 반대편에서 열리는 스포츠 경기 중계도 가능하고 통화도 가능하게 해요.

우주 탐사는 앞으로도 계속될 거예요. 당장 화성 여행을 하지 못해도 우주 탐사가 헛된 일은 아닙니다. 우주 탐사를 통해 우리는 지구를 더 잘 알게 되었고, 덤으로 얻게 된 첨단 기술은 우리 삶의 질을 높여 주고 있어요.

이것만은 알아 두세요

1. 과학과 기술이 점점 발달하면서 인류는 우주의 모습을 더 자세히 알 수 있게 되었다.
2. 우주 탐사를 위한 노력은 학문, 직업, 산업 활동 등에 영향을 준다.

풀어 볼까? 문제!

1. 천체 주위를 돌도록 만든 인공 장치로, 기상 관측와 천체 관측 등에 이용되는 것의 이름을 써 보자.

2. 우주 탐사의 방법에 대해 서술해 보자.

정답

1. 인공위성

2. 망원경, 로켓에 인공위성, 우주탐사선을 실어 보내 우주를 탐사한다.

한 번만 읽으면 확 잡히는
중등 지구과학

2021년   8월 27일 1판 1쇄 펴냄
2024년   1월 15일 1판 3쇄 펴냄
2024년 12월 10일 2판 1쇄 펴냄

지은이 박지선 · 이재은
펴낸이 김철종

펴낸곳 (주)한언
등록번호 1983년 9월 30일 제1-128호
주소 서울시 종로구 삼일대로 453(경운동) 2층
전화번호 02)701-6911   **팩스번호** 02)701-4449
전자우편 haneon@haneon.com

ISBN 978-89-5596-916-0   44400
ISBN 978-89-5596-901-6   세트

Our Mission   – 우리는 새로운 지식을 창출, 전파하여 전 인류가 이를 공유케 함으로써 인류 문화의 발전과 행복에 이바지한다.

  – 우리는 끊임없이 학습하는 조직으로서 자신과 조직의 발전을 위해 쉼 없이 노력하며, 궁극적으로는 세계적 콘텐츠 그룹을 지향한다.

  – 우리는 정신적·물질적으로 최고 수준의 복지를 실현하기 위해 노력하 며, 명실공히 초일류 사원들의 집합체로서 부끄럼 없이 행동한다.

Our Vision   한언은 콘텐츠 기업의 선도적 성공 모델이 된다.

> 저희 한언인들은 위와 같은 사명을 항상 가슴속에 간직하고
> 좋은 책을 만들기 위해 최선을 다하고 있습니다.
> 독자 여러분의 아낌없는 충고와 격려를 부탁드립니다.
> · 한언 가족 ·

HanEon's Mission statement

Our Mission   – We create and broadcast new knowledge for the advancement and happiness of the whole human race.

  – We do our best to improve ourselves and the organization, with the ultimate goal of striving to be the best content group in the world.

  – We try to realize the highest quality of welfare system in both mental and physical ways and we behave in a manner that reflects our mission as proud members of HanEon Community.

Our Vision   HanEon will be the leading Success Model of the content group.